Bernd Meierhöfer

Aufgabensammlung

Mathematik

Prozent- und Zinsrechnen

Name: ______________________

Baumann
Didaktische Medien

1. Auflage 2005

Baumann Didaktische Medien GmbH & Co. KG
E.-C.-Baumann-Straße 5
95326 Kulmbach

Druck: Creo Druck & Medienservice GmbH, Bamberg

Infos zu diesem Buch

Der Schwerpunkt dieser Lernhilfe besteht im Berechnen von Zuordnungen, Prozenten/Promillen und Zinsen. Ergänzend werden umgekehrt proportionale Zurodnungen dargestellt.

Alle Abschnitte dieser Lernhilfe sind auf die gleiche Art aufgebaut:

- Eine anschauliche Musteraufgabe stellt das jeweils behandelte „Problem" vor.
- Die Überlegungen zur Aufgabe gehen auf die wichtigsten Grundlagen und Gedanken zur Aufgabenlösung ein. Gelegentlich werden sie durch weitere Hinweise ergänzt.
- Die Lösung der Musteraufgabe wird ausführlich und in kleinen Schritten vorgestellt. Das ermöglicht dem/der Bearbeiter/in den Nachvollzug des Lösungswegs bzw. die Selbstkontrolle und Ergebnisüberprüfung bei eigenen Lösungsversuchen.
- Mehrere unterschiedliche Rechenbeispiele dienen zur Vertiefung und Festigung der jeweiligen neuen Recheninhalte unter verschiedenen Fragestellungen. Dazu wird das Lösungsschema „gegeben – gesucht – Lösung – Antwort" immer eingehalten.
- Eine Vielzahl von Rechenaufgaben, die meist nach dem Prinzip „vom Leichten zum Schweren" angeordnet sind, dient dem Üben und Vertiefen der jeweils neuen Fragestellungen.
- Im letzten Kapitel befinden sich die Lösungen mit ausführlichen Lösungswegen zu jedem Abschnitt dieser Lernhilfe.

Auf diese Weise ermöglicht die Arbeit mit dem Buch eine konzentrierte Wiederholung und Vertiefung der angebotenen Lerninhalte. Es ermöglicht damit gleichzeitig eine gezielte Vorbereitung auf einzelne Leistungsnachweise oder die Abschlussprüfungen der Hauptschule.

Deshalb soll auch nicht das ganze Buch von vorne bis hinten durchgearbeitet werden. Vielmehr geht es darum, das Buch dort einzusetzen, wo individuelle Schwierigkeiten auftreten, also immer dann, wenn im Zusammenhang mit den Zuordnungen, dem Prozent-, Promille- und Zinsrechnen gewisse „Lücken" erkennbar werden. Das intensive Nachlesen der gelösten Rechenbeispiele in Verbindung mit einigen selbstständig gelösten Aufgaben kann dabei oft schon ausreichen.

Im Hinblick auf die neue Währung in Europa wurden alle Aufgaben, in denen es auch um Kosten und Preise geht, schon jetzt auf den € umgestellt. Dabei wurde die Relation von DM zu € (in etwa) berücksichtigt.

Viel Spaß beim Bearbeiten und viel Erfolg!

Der Verfasser

Inhaltsverzeichnis

G Promillerechnung

H Zinsrechnung

I Sachaufgaben mit Zinsen

J Umgekehrt proportionale Zuordnung

Anhang

Lösungen

A Zahlenrechnen

1 Rechnen mit ganzen Zahlen

Musteraufgabe

Addition
290 647 + 120 248 = □

Subtraktion
311 250 − 290 647 = □

Multiplikation
1202 · 27 = □

Division
1392 : 6 = □

Überlegungen zur Aufgabe

- Zahlen stellengenau untereinander schreiben, z. B. Einer unter Einer, Zehner unter Zehner usw.
- Auf die Zehnerüberschreitung achten und sie berücksichtigen, z. B.: 7 + 5 = 12, d. h. „2“ bei den Einern, „1“ bei den Zehnern anschreiben.
- Werden zwei oder mehr Zahlen addiert, so spielt die Reihenfolge der Einzeladdition keine Rolle, z. B.: 2 + 3 + 4 = 9; 3 + 4 + 2 = 9; 4 + 2 + 3 = 9 usw.
- Werden zwei oder mehr Zahlen multipliziert, so spielt die Reihenfolge der Einzelmultiplikation keine Rolle, z. B.: 2 · 3 · 4 = 24; 3 · 4 · 2 = 24 usw.
- Bei der Multiplikation einer Zahl mit einer Zehnerzahl wird die Null an das vorherige Teilprodukt angehängt, z. B.: 123 · 40 = 4920; 123 · 4 · 10 = 492 · 10 = 4920.

Sollen mehrere Grundrechenarten in einer Aufgabe durchgeführt werden, so gelten folgende Regeln:
- **Punkt- vor Strichrechnung, also erst multiplizieren / dividieren und dann addieren / subtrahieren.**
- **Klammern werden zuerst ausgerechnet.**

Lösungen

Addition

```
  290647
+ 120248
   1   1
--------
  410895
```

Subtraktion

```
  311250
− 290647
   1 1 1
--------
   20603
```

Multiplikation

1202 · 27
2404
8414
1
32454

Division

1392 : 6 = 232
12
19
18
12
12

Ergebnisüberprüfung

Das Ergebnis einer Addition kann man überprüfen, indem man

- die Zahlen in der umgekehrten Reihenfolge addiert, z. B.: 120 248 + 290 647 = 410 895;
- die größere Zahl vom Ergebnis subtrahiert, z. B.: 410 895 − 290 647 = 120 248.

Das Ergebnis einer Subtraktion kann man überprüfen, indem man

- das **Ergebnis** von der größeren Zahl subtrahiert, z. B.: 311 250 − **20 603** = 290 647;
- das **Ergebnis** zur subtrahierten Zahl addiert, z. B.: 290 647 + **20 603** = 311 250.

Das Ergebnis einer Multiplikation kann man überprüfen, indem man

- das Ergebnis durch einen der beiden Multiplikatoren teilt, z. B.: 32 454 : 27 = 1202 oder 32 454 : 1202 = 27;
- die Zahlen in einer anderen Reihenfolge multipliziert, z. B.: 27 · 1202 = 32 454.

Das Ergebnis einer Division kann man überprüfen, indem man

- das Ergebnis durch den Divisor teilt, z. B.: 1392 : 232 = 6;
- das Ergebnis mit dem Dividenden multipliziert, z. B.: 6 · 232 = 1392.

Rechenbeispiele

1. Berechne die Summe der Zahlen 2345 und 8778.
2345 + 8778 = □

Lösung
2345
+ 8778
1 1 1 1
11123

2. Berechne die Differenz der Zahlen 9263 und 5409.
9263 − 5409 = □

Lösung
9263
− 5409
1 1
3854

3. Berechne das Produkt der Zahlen 345 und 67.
345 · 67 = □

Lösung
345 · 67
2070
2415
1
23115

4. Berechne den Quotienten der Zahlen 25536 und 56.
25 536 : 56 = □

Lösung
25536 : 56 = 456
224
313
282
336

Rechenaufgaben

1. Berechne.

a) $5 \cdot 150 + 250 : 5 - 8 \cdot 55 = \square$

b) $(1234 + 5678) + (8765 - 4321) = \square$

c) $6 \cdot 36 - 108 : 9 - 72 : 18 = \square$

d) $(9876 + 6789) - (5432 - 2345) = \square$

e) $120 : 6 + 9 \cdot 140 - 10 \cdot 60 = \square$

f) $(8642 + 1358) : (9876 - 9626) = \square$

g) $378 : 9 - 336 : 8 + 65 \cdot 75 = \square$

h) $(10\,000 - 9876) \cdot (9000 - 8765) = \square$

2. Rechne aus.

a) $250 \cdot 8 + 549 : 9 - 528 : 6 = \square$

b) $360 \cdot 25 + 370 \cdot 9 - 2330 = \square$

c) $(4995 : 9 + 445) : 4 + 800 = \square$

d) $(900 : 15 + 440) : 5 + 10 \cdot 90 = \square$

e) $(5480 - 5330) \cdot (76 + 22) = \square$

f) $(8765 + 1235) : (365 - 165) \cdot 8 = \square$

g) $3000 - 63 \cdot 15 - 1055 = \square$

h) $(3000 - 63) \cdot 15 - 1055 = \square$

3. Erstelle den Rechenausduck und berechne ihn.

a) Vermindere die Summe der Zahlen 3479 und 2769 um die Zahl 4153.

b) Addiere zur Differenz aus 9876 und 3789 die Zahl 1009.

c) Subtrahiere vom Produkt der Zahlen 246 und 78 die Zahl 9187.

d) Multipliziere die Summe der Zahlen 456 und 789 mit der Zahl 45.

e) Dividiere die Summe der Zahlen 9542 und 1234 durch die Zahl 4.

f) Vermehre die Summe aus 567 und 234 um die Differenz von 789 und 590.

g) Teile die Summe von 405 und 345 durch 25.

h) Addiere das Produkt der Zahlen 125 und 75 zur Summe der Zahlen 403 und 222.

4. Familie Berger richtet die Wohnung neu ein. Sie kauft:
1 Wohnzimmerschrank für 1280 €, 1 Sofa für 875 €, 3 Sessel für je 265 €, 1 Teppich für 796 €, 1 Lampe für 183 €, Vorhänge und Bilder für 784 €.
Herr Berger hat 5000 € gespart. Reicht dieses Geld für die Anschaffung?

5. Ein Schwimmbecken, das 6600 l Wasser fasst, wird durch zwei Rohre gefüllt. Das erste Rohr liefert in der Sekunde 6 Liter, das zweite 4 Liter Wasser.
In wie vielen Stunden ist das Becken gefüllt?

6. Eine Fabrik zahlt jeden Monat die Löhne aus: 9 Meister erhalten je 2480 €, 138 Arbeiter je 2160 €, 24 Auszubildende erhalten zusammen 15 360 €.

a) Wie viele € Monatslohn erhält jeder Auszubildende?

b) Wie viele € Monatslohn zahlt die Fabrik insgesamt?

7. Herr Bürger hat bei einem Stundenlohn von 16 € in der letzten Woche 672 € verdient. In dieser Woche arbeitet er 4 Stunden weniger.

a) Wie viele Stunden arbeitete er in der letzten Woche?

b) Wie viel verdient er in dieser Woche?

2 Rechnen mit Dezimalbrüchen

Musteraufgabe

Addition
0,679 + 0,25 = □

Subtraktion
2,8713 − 0,384 = □

Multiplikation
0,47 · 1,3 = □

Division
44,85 : 13,8 = □

Überlegungen zur Aufgabe

- Zahlen einschließlich Komma bei Addition und Subtraktion stellengenau untereinander schreiben, z. B.: Einer unter Einer; Komma unter Komma und Zehntel unter Zehntel usw.
- Auf die Zehnerüberschreitung achten und sie berücksichtigen, z. B.: 0,8 + 0,7 = 1,5; d. h. „5" bei den Zehnteln, „1" bei den Einern anschreiben.
- Zum Addieren bzw. Subtrahieren durch Kürzen oder Erweitern für gleiche Stellenzahlen sorgen, z. B.: 5,820 = 5,82 oder 3,6 = 3,60.
- Bei der Addition oder Subtraktion das Komma beim Überschreiten sofort auch im Ergebnis setzen.
- Es wird ohne Komma multipliziert. Erst im Ergebnis werden so viele Kommastellen abgestrichen, wie die beiden multiplizierten Zahlen zusammen haben, z. B.: 1,2 · 3 → 36 → 3,6.
- Es wird ohne Komma dividiert. Teiler und Teilungszahl werden vor dem Dividieren mit der gleichen Zehnerpotenz zu ganzen Zahlen erweitert, z. B.: 6,24 : 0,2 → 624 : 20.

Sollen mehrere Grundrechenarten in einer Aufgabe durchgeführt werden, gelten folgende Regeln:
- **Punkt- vor Strichrechnung, also zuerst multiplizieren / dividieren und dann addieren / subtrahieren.**
- **Klammern werden zuerst ausgerechnet.**

Lösungen

Addition

```
  0,679
+ 0,250
     1
-------
  0,929
```

Subtraktion

```
  2,8713
− 0,3840
    1 1
--------
  2,4873
```

Multiplikation

```
 0,47 · 1,3
 ----------
      47
      141
       1
 ----------
    0,611
```

Division

```
44,85 : 13,8 = 4485 : 1380 = 3,25
               4140
               ----
                3450
                2760
                ----
                 6900
                 6900
```

Ergebnisüberprüfung

Die Ergebnisse werden auf die gleiche Weise überprüft wie beim Rechnen mit ganzen Zahlen. Allerdings muss jedes Komma unbedingt beachtet werden.
Eine besondere Art der Ergebnisüberprüfung ist das Rechnen mit gerundeten Zahlen, z. B.: $3{,}9 \cdot 2{,}2 \Longrightarrow 4 \cdot 2 = 8$,
d. h. das Multiplikationsergebnis liegt in der Nähe von 8; tatsächliches Ergebnis: 8,58.

Rechenbeispiele

1. Berechne die Summe der Zahlen 15; 0,005; 0,02 und 1,8.
15 + 0,005 + 0,02 + 1,8 = □

Lösung

```
   15,000
 +  0,005
 +  0,020
 +  1,800
 --------
   16,825
```

2. Berechne die Differenz der Zahlen 23,1 und 17,9876.
23,1 − 17,9876 = □

Lösung

```
   23,1000
 − 17,9876
    11 111
 ---------
    5,1124
```

3. Berechne das Produkt der Zahlen 9,71 und 1,25.
9,71 · 1,25 = □

Lösung

```
 9,71 · 1,25
      971
      1942
        4855
   1 2 1
 -----------
   12,1375
```

4. Berechne den Quotienten der Zahlen 24,2946 und 1,8.
24,2946 : 1,8 = □

Lösung

```
242946 : 18000 = 13,497
18000
-----
 62946
 54000
 -----
   89460
   72000
   -----
    174600
    162000
    ------
     126000
     126000
```

Rechenaufgaben

1. Löse diese Aufgaben.

a) $3{,}108 + 2{,}658 + 7{,}005 = \square$
b) $17{,}98 - 16{,}909 = \square$
c) $16{,}537 + 0{,}008 + 3{,}07 = \square$
d) $23{,}1 - 17{,}9876 = \square$
e) $31{,}33 + 0{,}303 + 19{,}333 = \square$
f) $141{,}3907 - 18{,}07 = \square$

2. Berechne möglichst vorteilhaft.

a) $4{,}16 + 3{,}87 - 5{,}21 = \square$
b) $17{,}36 - 9{,}83 + 14{,}87 = \square$
c) $5{,}87 + 3{,}94 - 5{,}86 - 0{,}12 = \square$
d) $12{,}183 - 0{,}674 + 34{,}987 - 8{,}003 = \square$
e) $47{,}001 + 34{,}87 - 3{,}034 - 0{,}07 = \square$
f) $0{,}003 + 2{,}3 - 1{,}9976 + 3{,}21 = \square$

3. Löse diese Aufgaben.

a) $70{,}77 \cdot 782{,}6 = \square$
b) $15{,}95 : 3{,}19 = \square$
c) $10{,}2 \cdot 11{,}01 = \square$
d) $24{,}288 : 3{,}3 = \square$
e) $231{,}231 : 33{,}033 = \square$
f) $17{,}7 : 5{,}9 = \square$

4. Beachte die Klammerregel.

a) $(0{,}375 + 0{,}025) : 0{,}4 = \square$
b) $(5{,}75 - 1{,}5) \cdot 1{,}2 = \square$
c) $(2{,}8 \cdot 1{,}1 + 0{,}92) : 0{,}5 = \square$
d) $(9{,}75 - 4{,}5) : 0{,}25 + 0{,}5 = \square$
e) $(6{,}625 + 9{,}375) \cdot 0{,}2 - 1{,}02 = \square$
f) $6{,}25 \cdot 0{,}25 - 0{,}5625 + 6{,}25 : 0{,}25 = \square$

5. Erstelle den Rechenausdruck und berechne ihn.

a) Von welcher Zahl muss man 14,5 subtrahieren, um 91,8 zu erhalten?
b) Vermehrt man eine Zahl um 81,21, so erhält man 333,3.
c) Subtrahiere das Produkt der Zahlen 74,2 und 41 von 3976.
d) Addiere zum 45fachen der Summe der Zahlen 3,1 und 6,25 das Produkt der Zahlen 23 und 1,9.
e) Dividiere die Zahl 1039,5 durch die Summe der Zahlen 35,8 und 41,2.

6. Von einem Ballen Stoff, auf dem noch 17,5 m sind, werden nacheinander 2,25 m, 3,5 m, 4,75 m, 2,5 m und 3,75 m verkauft. Wie lang ist der Rest?

7. Eine 1,75 m lange Stange wird in 2 Teile zerschnitten. Der größere Teil ist um 0,45 m länger als der kleinere. Wie lang sind die beiden Teile?

8. Wie lange braucht ein Radfahrer für eine 149,5 km lange Strecke, wenn er 23 km pro Stunde fährt?

9. Ein Liter Benzin wiegt 0,68 kg. Wie viele Liter Benzin wiegen 24,48 kg?

10. Für einen Ballen Kleiderstoff, das Meter zu 18,75 €, werden 697,50 € bezahlt. Wie viele Meter sind auf dem Ballen?

11. Welchen Weg legt ein Radler in zwei Stunden zurück, wenn er in einer Sekunde 4,35 m fährt?

3 Rechnen mit Brüchen

Musteraufgabe

Addition gleichnamiger Brüche

1. $\frac{3}{8} + \frac{1}{8} + \frac{2}{8} = \square$

2. $1\frac{3}{7} + \frac{5}{7} + 2\frac{1}{7} = \square$

Subtraktion gleichnamiger Brüche

1. $\frac{14}{15} - \frac{7}{15} - \frac{4}{15} = \square$

2. $5\frac{7}{18} - 3\frac{5}{18} = \square$

Überlegungen zur Aufgabe

- Zähler addieren, Nenner bleiben, z. B.: $3 + 1 + 2 = 6$, Nenner 8.
- Gemischte Zahlen in Brüche umwandeln, z. B.: $1\frac{3}{7} = \frac{7 \cdot 1 + 3}{7} = \frac{10}{7}$.
- Ergebnis – falls möglich – kürzen, d. h. Zähler und Nenner durch die gleiche Zahl dividieren, z. B.: $\frac{6}{8} = \frac{3}{4}$.
- Ergebnis – wenn möglich – in eine gemischte Zahl umwandeln, z. B.: $\frac{30}{7} = 30 : 7 = 4\frac{2}{7}$.

Überlegungen zur Aufgabe

- Zähler subtrahieren, Nenner bleiben, z. B.: $14 - 7 - 6 = 1$, Nenner 15.
- Gemischte Zahlen in Brüche umwandeln, z. B.: $5\frac{7}{18} = \frac{18 \cdot 5 + 7}{18} = \frac{97}{18}$.
- Ergebnis – falls möglich – kürzen, d. h. Zähler und Nenner durch die gleiche Zahl dividieren, z. B.: $\frac{3}{15} = \frac{1}{5}$.
- Ergebnis – falls möglich – in eine gemischte Zahl umwandeln, z. B.: $\frac{19}{9} = 19 : 9 = 2\frac{1}{9}$.

Lösung der Addition

Zu 1.

$$\frac{3}{8} + \frac{1}{8} + \frac{2}{8} = \frac{3+1+2}{8} = \frac{6}{8} = \frac{3}{4}$$

Zu 2.

$$1\frac{3}{7} + \frac{5}{7} + 2\frac{1}{7} = \frac{10}{7} + \frac{5}{7} + \frac{15}{7} =$$

$$\frac{10+5+15}{7} = \frac{30}{7} = 4\frac{2}{7}$$

Lösung der Subtraktion

Zu 1.

$$\frac{14}{15} - \frac{7}{15} - \frac{4}{15} = \frac{14-7-4}{15} = \frac{3}{15} = \frac{1}{5}$$

Zu 2.

$$5\frac{7}{18} - 3\frac{5}{18} = \frac{97-59}{18} = \frac{38}{18} =$$

$$\frac{19}{9} = 2\frac{1}{9}$$

Musteraufgabe

Addition ungleichnamiger Brüche

1. $\frac{1}{2} + \frac{2}{3} + \frac{3}{5} = \square$

2. $4\frac{1}{2} + 3\frac{1}{4} + 2\frac{5}{8} = \square$

Subtraktion ungleichnamiger Brüche

1. $\frac{11}{12} - \frac{1}{4} - \frac{1}{3} = \square$

2. $4\frac{3}{4} - 2\frac{1}{2} - 1\frac{1}{3} = \square$

Überlegungen zur Aufgabe

- Gemischte Zahlen in Brüche umwandeln.
- Gemeinsamen Nenner der Brüche suchen, z. B.: 2 · 3 · 5 = 30.
- Brüche auf den gemeinsamen Nenner bringen, z. B.: Jeden Bruch mit den anderen Nennern multiplizieren.
- Die jetzt gleichnamigen Brüche addieren.

Lösung der Addition

Zu 1.

$$\frac{1}{2} + \frac{2}{3} + \frac{3}{5} =$$

$$\frac{1 \cdot 3 \cdot 5}{30} + \frac{2 \cdot 2 \cdot 5}{30} + \frac{3 \cdot 2 \cdot 3}{30} =$$

$$\frac{15}{30} + \frac{20}{30} + \frac{18}{30} = \frac{15 + 20 + 18}{30} =$$

$$\frac{53}{30} = 1\frac{23}{30}$$

Zu 2.

$$4\frac{1}{2} + 3\frac{1}{4} + \frac{5}{8} = \frac{9}{2} + \frac{13}{4} + \frac{5}{8} =$$

$$\frac{9 \cdot 4}{8} + \frac{13 \cdot 2}{8} + \frac{5}{8} = \frac{36}{8} + \frac{26}{8} + \frac{5}{8} =$$

$$\frac{36 + 26 + 5}{8} = \frac{67}{8} = 8\frac{3}{8}$$

Überlegungen zur Aufgabe

- Gemischte Zahlen in Brüche umwandeln.
- Gemeinsamen Nenner der Brüche suchen, z. B.: 4 · 3 = 12.
- Brüche auf den gemeinsamen Nenner bringen, hier z. B.: Viertel und Drittel auf Zwölftel erweitern.
- Die jetzt gleichnamigen Brüche subtrahieren.

Lösung der Subtraktion

Zu 1.

$$\frac{11}{12} - \frac{1}{4} - \frac{1}{3} = \frac{11}{12} - \frac{1 \cdot 3}{12} - \frac{1 \cdot 4}{12} =$$

$$\frac{11}{12} - \frac{3}{12} - \frac{4}{12} =$$

$$\frac{11 - 3 - 4}{12} = \frac{4}{12} = \frac{1}{3}$$

Zu 2.

$$4\frac{3}{4} - 2\frac{1}{2} - 1\frac{1}{3} = \frac{19}{4} - \frac{5}{2} - \frac{4}{3} =$$

$$\frac{19 \cdot 3}{12} - \frac{5 \cdot 6}{12} - \frac{4 \cdot 4}{12} =$$

$$\frac{57}{12} - \frac{30}{12} - \frac{16}{12} =$$

$$\frac{57 - 30 - 16}{12} = \frac{11}{12}$$

Ganze Zahlen werden immer in Brüche umgewandelt, z. B. $3 = \frac{3}{1}$ oder $3 = \frac{12}{4}$ … .

Ergebnisüberprüfung

Die Ergebnisse können durch eine andere Rechenreihenfolge oder eine Überschlagsrechnung überprüft werden. Bei gemischten Zahlen ist es möglich, die Zahlen und Brüche getrennt zu berechnen.

Musteraufgabe

Multiplikation von Brüchen

1. $\frac{8}{5} \cdot \frac{2}{3} = \square$

2. $4\frac{1}{2} \cdot 3\frac{1}{3} = \square$

Division von Brüchen

1. $\frac{1}{3} : \frac{6}{7} = \square$

2. $8\frac{2}{3} : 5\frac{7}{9} = \square$

Überlegungen zur Aufgabe

- Wenn möglich vor dem Multiplizieren kürzen, das bringt kleinere Zahlen.
- Zähler miteinander multiplizieren. Nenner miteinander multiplizieren.
- Ergebnis kürzen und/oder in eine gemischte Zahl umwandeln.
- Ganze/gemischte Zahlen der Aufgabe erst in Brüche umwandeln.

Überlegungen zur Aufgabe

- Kehrwert des zweiten Bruchs bilden, z. B.: Bruch: $\frac{6}{7} \rightarrow$ Kehrwert: $\frac{7}{6}$.
- Ersten Bruch mit dem Kehrwert des zweiten Bruchs multiplizieren.
- Wenn möglich vor dem Multiplizieren kürzen, das bringt kleinere Zahlen.
- Zähler miteinander multiplizieren.
- Nenner miteinander multiplizieren.
- Ergebnis kürzen und/oder in eine gemischte Zahl umwandeln.
- Ganze/gemischte Zahlen der Aufgabe erst in Brüche umwandeln.

Lösungen der Multiplikation

Zu 1. $\frac{8}{5} \cdot \frac{2}{3} =$

$$\frac{8 \cdot 2}{5 \cdot 3} = \frac{16}{15} = 1\frac{1}{15}$$

Lösungen der Division

Zu 1. $\frac{1}{3} : \frac{6}{7} =$

$$\frac{1}{3} \cdot \frac{7}{6} = \frac{1 \cdot 7}{3 \cdot 6} = \frac{7}{18}$$

Zu 2. $4\frac{1}{2} \cdot 3\frac{1}{3} =$

$\frac{9}{2} \cdot \frac{10}{3} = \frac{9 \cdot 10}{2 \cdot 3} = \frac{3 \cdot 10}{2 \cdot 1} = \frac{3 \cdot 5}{1 \cdot 1} = 15$

Zu 2. $8\frac{2}{3} : 5\frac{7}{9} =$

$\frac{26}{3} : \frac{52}{9} = \frac{26}{3} \cdot \frac{9}{52} = \frac{26 \cdot 9}{3 \cdot 52} =$

$\frac{26 \cdot 3}{1 \cdot 52} = \frac{1 \cdot 3}{1 \cdot 2} = \frac{3}{2} = 1\frac{1}{2}$

Rechenbeispiele

1. $(8 + \frac{3}{4}) - (\frac{7}{8} + 2\frac{3}{4}) =$

$8 + \frac{3}{4} - \frac{7}{8} - 2\frac{3}{4} =$

$\frac{8}{1} + \frac{3}{4} - \frac{7}{8} - \frac{11}{4} =$

$\frac{64}{8} + \frac{6}{8} - \frac{7}{8} - \frac{22}{8} =$

$\frac{64 + 6 - 7 - 22}{8} = \frac{41}{8} = 5\frac{1}{8}$

2. $4 \cdot 3\frac{4}{5} : \frac{2}{3} =$

$\frac{4}{1} \cdot \frac{19}{5} : \frac{2}{3} =$

$\frac{4}{1} \cdot \frac{19}{5} \cdot \frac{3}{2} =$

$\frac{4 \cdot 19 \cdot 3}{1 \cdot 5 \cdot 2} = \frac{2 \cdot 19 \cdot 3}{1 \cdot 5 \cdot 1} =$

$\frac{114}{5} = 22\frac{4}{5}$

Rechenaufgaben

1. Rechne vorteilhaft.

a) $\frac{1}{3} \cdot \frac{3}{7} + \frac{5}{6} \cdot \frac{6}{7} = \square$

b) $\frac{7}{9} - \frac{16}{27} : \frac{8}{9} = \square$

c) $\frac{11}{12} : 1\frac{7}{48} - \frac{3}{17} \cdot \frac{17}{8} = \square$

d) $1\frac{3}{8} + 1\frac{4}{5} \cdot \frac{5}{18} - 1\frac{1}{6} : \frac{28}{45} = \square$

2. Berechne möglichst vorteilhaft.

a) $\frac{19}{21} : (5\frac{3}{7} + 1\frac{5}{14}) + \frac{1}{5} \cdot 4\frac{1}{3} = \square$

b) $\frac{19}{21} : 5\frac{3}{7} + (1\frac{5}{14} + \frac{1}{5}) \cdot 4\frac{1}{3} = \square$

3. Finde die entsprechenden Rechenausdrücke und berechne sie.

a) Dividiere die Summe der Zahlen $\frac{17}{21}$ und $\frac{3}{7}$ durch die Differenz der Zahlen $\frac{3}{7}$ und $\frac{1}{3}$.

b) Multipliziere den Quotienten der Zahlen $\frac{9}{34}$ und $\frac{11}{17}$ mit der Differenz der Zahlen $\frac{7}{8}$ und $\frac{2}{3}$.

c) Addiere die Zahlen $3\frac{1}{2}$, $4\frac{3}{8}$ und $12\frac{5}{6}$. Multipliziere das Ergebnis mit $\frac{24}{49}$ und subtrahiere davon $\frac{1}{7}$.

4. Subtrahiere von der Summe der beiden Zahlen $17\frac{2}{3}$ und $32\frac{2}{5}$ die Differenz der Zahlen $17\frac{2}{5}$ und $9\frac{3}{4}$. Addiere zum Ergebnis den um $\frac{1}{3}$ verminderten Quotienten aus $5\frac{2}{3}$ und $2\frac{1}{8}$.

5. Eine Wandergruppe legt den siebten Teil einer 161 km langen Wanderstrecke in 4,6 Stunden zurück.
a) Wie lange braucht die Gruppe für 69 km?
b) Wie viele km legen die Wanderer in 2,3 Stunden zurück?

6. Von einem Rundholz werden zuerst $\frac{5}{7}$ seiner Länge abgeschnitten. Vom Rest werden14 Scheiben mit je $5\frac{1}{2}$ cm Dicke gefertigt.
a) Wie viele Scheiben erhält man vom abgeschnittenen Rundholz?
b) Wie lang war das Rundholz insgesamt?

7. Ein Weinfass fasst 1260 Liter, ist aber zu $\frac{7}{9}$ leer. Können daraus noch 398 Flaschen mit je $\frac{7}{10}$ Liter Inhalt abgefüllt werden?

4 Rechnen mit Brüchen und Dezimalzahlen

Musteraufgabe

1. $\frac{1}{3} \cdot (\frac{5}{7} - 0{,}5) + \frac{3}{7} = \square$

2. $(0{,}8 + \frac{3}{5}) \cdot 12{,}6 - \frac{2}{5} \cdot \frac{8}{5} = \square$

Überlegungen zur Aufgabe

- Entscheiden, ob mit Brüchen oder Dezimalzahlen gerechnet werden soll. Wegen der Rechengenauigkeit bietet sich bei Dritteln, Sechsteln, Siebteln und ihren Vielfachen die Bruchrechnung an.
- Brüche in Dezimalbrüche umwandeln, z. B.: $\frac{3}{8} \Longrightarrow 3 : 8 = 0{,}375$.

Überlegungen zur Aufgabe

- Entscheiden, ob mit Brüchen oder Dezimalzahlen gerechnet werden soll. Wegen der vertrauteren Lösung bietet sich die Dezimalbruchrechnung an, wenn man überschaubare Dezimalbrüche erhält.
- Dezimalbrüche in Brüche umwandeln, z. B.: $0{,}6 = \frac{6}{10} = \frac{3}{5}$.

Lösungen

1. $\frac{1}{3} \cdot (\frac{5}{7} - 0{,}5) + \frac{3}{7} =$

$\frac{1}{3} \cdot (\frac{5}{7} - \frac{1}{2}) + \frac{3}{7} =$

$\frac{1}{3} \cdot (\frac{10}{14} - \frac{7}{14}) + \frac{3}{7} = \frac{1}{3} \cdot \frac{3}{14} + \frac{3}{7} =$

$\frac{1 \cdot 3}{3 \cdot 14} + \frac{3}{7} = \frac{1}{14} + \frac{3}{7} =$

$\frac{1}{14} + \frac{6}{14} = \frac{7}{14} = \frac{1}{2}$

2. $(0{,}8 + \frac{3}{5}) \cdot 12{,}6 - \frac{2}{5} \cdot \frac{8}{5} =$

$(0{,}8 + 0{,}6) \cdot 12{,}6 - 0{,}4 \cdot 1{,}6 =$

$1{,}4 \cdot 12{,}6 - 0{,}4 \cdot 1{,}6 =$

$17{,}64 - 0{,}64 = 17$

Rechenbeispiele

1. $(\frac{1}{8} + 0{,}4) - \frac{1}{3} \cdot \frac{6}{7} + 1{,}5 =$

$(\frac{1}{8} + \frac{4}{10}) - \frac{1 \cdot 6}{3 \cdot 7} + 1\frac{1}{2} =$

$(\frac{10}{80} + \frac{32}{80}) - \frac{1 \cdot 2}{1 \cdot 7} + \frac{3}{2} =$

$\frac{42}{80} - \frac{2}{7} + \frac{3}{2} = \frac{21}{40} - \frac{2}{7} + \frac{3}{2} =$

$\frac{147}{280} - \frac{80}{280} + \frac{420}{280} = 1\frac{207}{280}$

2. $8\frac{3}{4} \cdot (2{,}4 - 1\frac{4}{5}) + \frac{3}{8} =$

$8{,}75 \cdot (2{,}4 - 1{,}8) + 0{,}375 =$

$8{,}75 \cdot 0{,}6 + 0{,}375 =$

$5{,}25 + 0{,}375 = 5{,}625$

Rechenaufgaben

1. Rechne vorteilhaft.

a) $5{,}7 + \frac{7}{10} + \frac{2}{5} - 6{,}3 = \square$

b) $3\frac{1}{8} + \frac{5}{24} - 0{,}875 + \frac{7}{24} = \square$

c) $\frac{5}{6} + 4\frac{1}{4} - 3{,}5 + \frac{1}{6} = \square$

d) $7\frac{7}{12} - 3{,}75 + 2\frac{3}{8} - \frac{11}{24} = \square$

e) $6\frac{1}{2} + 25\frac{2}{5} - 12{,}8 - \frac{11}{2} = \square$

f) $4\frac{1}{2} - 3\frac{1}{5} + 4{,}2 - 3{,}25 = \square$

g) $0{,}125 + \frac{3}{16} - 0{,}375 + \frac{15}{16} = \square$

h) $12\frac{5}{24} + 3\frac{1}{8} - 4\frac{1}{3} - 7{,}75 = \square$

2. Mit einem Pkw wurden im Jahr 40 000 km gefahren. Vater fuhr die Hälfte der Strecke, Mutter $\frac{3}{8}$ und die Tochter den 0,125fachen Teil.
Berechne die jeweilige Fahrleistung im Jahr.

3. Beim Sportfest wurden verschiedene Leistungen erzielt. Die durchschnittliche Punktzahl belief sich auf 2000 Punkte.
Wie viele Punkte erreichten diese Schüler? A: 1,5 mal soviel; B: $\frac{4}{5}$ davon; C: $1\frac{2}{5}$ davon; D: 0,9 davon und E: $1\frac{5}{8}$ mal soviel.

B Größen

1 Einfache Größen

Musteraufgabe

Geldwerte	Gewichte
8,34 € – 130 Cts + 0,46 € – 135 Cts = ☐	26,48 kg + 4 g – 1,3 kg = ☐

Überlegungen zu den Aufgaben

- Alle Größen brauchen die gleiche Benennung, denn nur mit gleichen Benennungen kann gerechnet werden, z.B.: nur in € oder nur in kg.
- Festlegen der Benennung, in der gerechnet werden soll.
- Die richtige Umrechnungszahl wählen.
- Das Ergebnis bei Bedarf umrechnen.

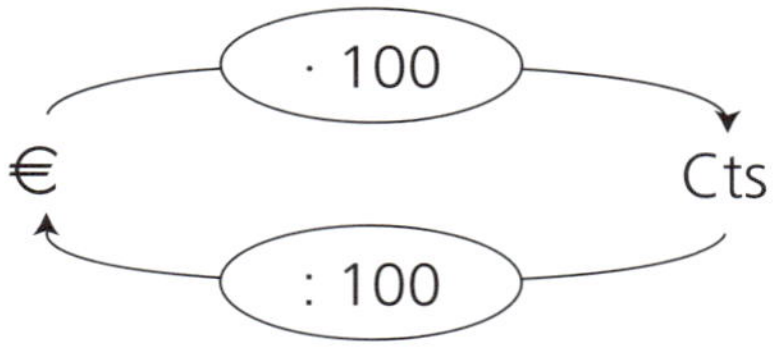

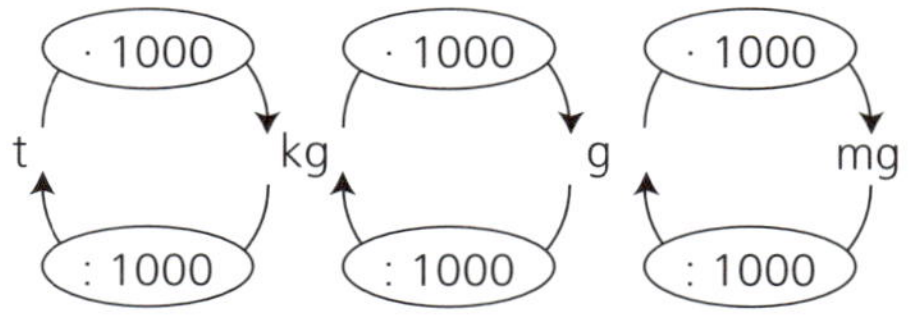

Lösungen

8,34 € – 130 Cts + 0,46 € – 135 Cts =
8,34 € – 1,30 € + 0,46 € – 1,35 € =
6,15 € (= 615 Cts)

26,48 kg + 4 g – 1,3 kg =
26480 g + 4 g – 1300 g =
25184 g (= 25,184 kg)

Ergebnisüberprüfung

Sie erfolgt in zwei Schritten. Erst werden die Benennungen und ihre Umrechnungen überprüft. Danach ist eine Überschlagsrechnung angesagt.

Wird eine Größe mit einer Zahl multipliziert oder durch sie dividiert, bleibt die Benennung erhalten.

Musteraufgabe

Zeitspannen

4 h 12 min + 8 h 27 min – 8,5 min = □

Längen

4,25 m – 19 dm + 1534 cm = □

Überlegungen zu den Aufgaben

Es gelten die gleichen Überlegungen wie vorstehend. Nur die Umrechnungszahlen unterscheiden sich, insbesondere bei den Zeitspannen. Hier gibt es drei verschiedene Umrechnungszahlen.

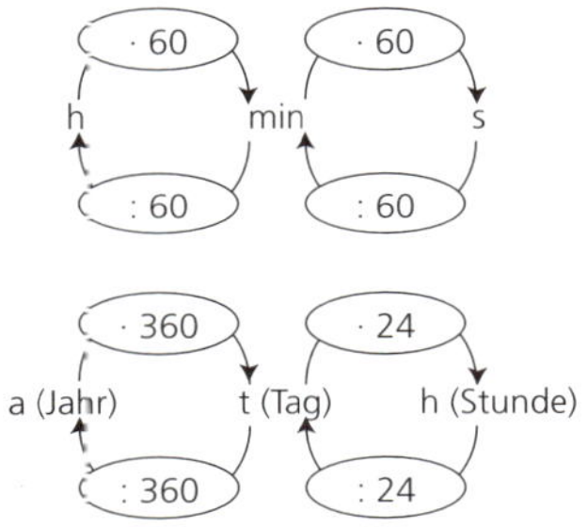

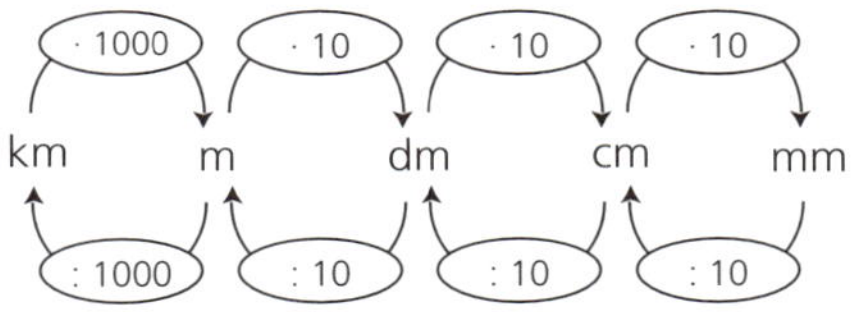

Lösungen

4 h 12 min + 8 h 27 min – 8,5 min =
252 min + 507 min – 8,5 min =
750,5 min (= 12 h 30 min 30 s)

4,25 m – 19 dm + 1534 cm =
425 cm – 190 cm + 1534 cm =
1769 cm (= 176,9 dm = 17,69 m)

Ergebnisüberprüfung

Sie erfolgt wie vorstehend, wobei insbesondere an die verschiedenen Umrechnungszahlen der Zeitspannen gedacht werden muss.

Musteraufgabe

Flächeninhalte

$340{,}7\ dm^2 + 331\,800\ cm^2 - 17{,}73\ m^2 = \square$

Rauminhalte

$0{,}64\ m^3 + 22\,000\ dm^3 - 9000\ dm^3 = \square$

Überlegungen zu den Aufgaben

Es gelten die gleichen Überlegungen wie vorstehend. Achte auf die Umrechnungszahlen.

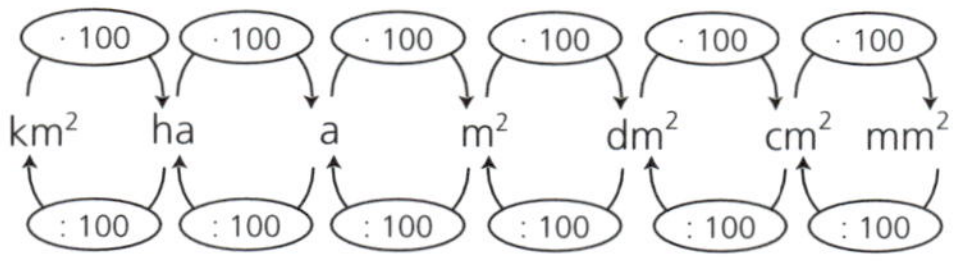

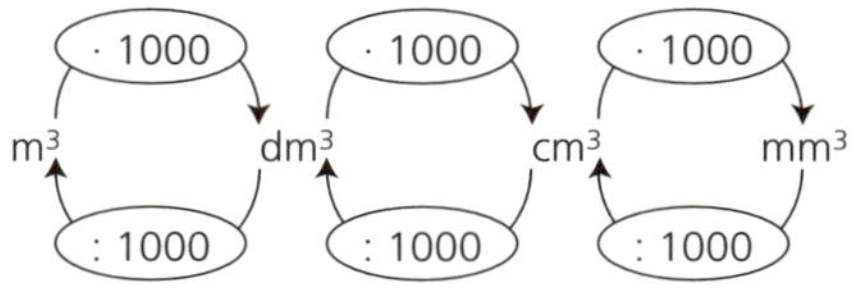

Lösung

$340{,}7 dm^2 + 331\,800\ cm^2 - 17{,}73\ m^2 =$
$3{,}407\ m^2 + 33{,}18\ m^2 - 17{,}73\ m^2 =$
$18{,}857\ m^2 (= 1885{,}7\ dm^2 = 188\,570\ cm^2)$

$0{,}64\ m^3 + 22\,000\ dm^3 - 9000\ dm^3 =$
$640\ dm^3 + 22\,000\ dm^3 - 9000\ dm^3 =$
$13\,640\ dm^3\ (= 13{,}640\ m^3)$

Ergebnisüberprüfung

Sie erfolgt wie vorstehend, wobei auf die Umrechnungszahlen geachtet werden muss; für die Flächen gilt die 100 und für die Räume die 1000 zur Nachbareinheit.

Musteraufgabe

Hohlmaße

$8\ hl + 2{,}25\ hl + 25\ l + 0{,}75\ hl = \square$

$5\ hl + 2{,}4\ m^3 - 218\ hl = \square$

Überlegungen zu den Aufgaben

Es gelten die gleichen Überlegungen wie vorstehend. Allerdings gibt es in diesem Größenbereich zwei verschiedene Umrechnungszahlen.
Die Verbindung zwischen Rauminhalten und Hohlmaßen besteht durch: $1\ l = 1\ dm^3$.

3 hl = 300 l = 3000 dl = 30000 cl = 300000 ml

(· 100) (· 10) (· 10) (· 10)

Hektoliter Liter Deziliter Zentiliter Mililiter

3 hl = 300 l = 3000 dl = 30000 cl = 300000 ml

(: 100) (: 10) (: 10) (: 10)

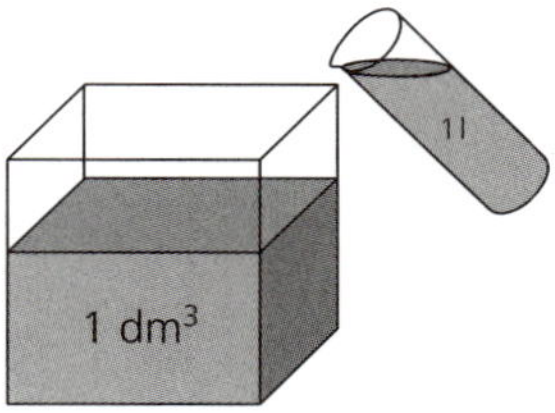

Lösungen

8 hl + 2,25 hl + 25 l + 0,75 hl =
800 l + 225 l + 25 l + 75 l =
1125 l (= 11,25 hl)

5 hl + 2,4 m^3 – 218 l =
500 dm^3 + 2400 dm^3 – 218 dm^3 =
2682 dm^3 (= 2682 l = 2,314 m^3)

Ergebnisüberprüfung

Sie erfolgt wie vorstehend, wobei auf die beiden unterschiedlichen Umrechnungszahlen geachtet werden muss.

Rechenbeispiele

1. Wie viele Personen kann ein Aufzug mit einer Tragkraft von 0,72 t gleichzeitig befördern, wenn eine Person im Durchschnitt 80 kg wiegt?

Lösung
gegeben: Tragkraft, Durchschnittsgewicht
gesucht: Anzahl der Personen

0,72 t = 720 kg

$$72 \text{ kg} : 80 \frac{\text{kg}}{\text{Person}} =$$

$$\frac{720}{80} \frac{\text{kg} \cdot \text{Person}}{\text{kg}} = 9 \text{ Personen}$$

Es können 9 Personen gleichzeitig befördert werden.

2. Zu einer Fahrt um den Altstadtring braucht der Bus 32 Minuten. Wie viele solcher Fahrten kann er von 6.00 bis 0.40 Uhr machen?

Lösung:
gegeben: Fahrzeit, Dauer des Fahrbetriebs
gesucht: Anzahl der Fahrten

6.00 Uhr bis 0.40 Uhr ⟹ 18 h 40 min
18 · 60 min + 40 min =
1080 min + 40 min = 1120 min

$$1120 \text{ min} : 32 \frac{\text{min}}{\text{Fahrt}} =$$

$$\frac{1120}{32} \frac{\text{min} \cdot \text{Fahrt}}{\text{min}} = 35 \text{ Fahrten}$$

Es sind insgesamt 35 Fahrten.

3. In einem Keller von 4,8 m Länge und 3,6 m Breite steht das Wasser 50 cm hoch. Nenne die Anzahl der 10-Liter-Eimer, die mit dem Wasser gefüllt werden können.

Lösung

gegeben: Länge, Breite, Höhe, Eimergröße
gesucht: Eimeranzahl

$V = a \cdot b \cdot h$

$h = 50\ \text{cm} = 0{,}5\ \text{m}$

$V = 4{,}8\ \text{m} \cdot 3{,}6\ \text{m} \cdot 0{,}5\ \text{m}$

$V = 8{,}64\ \text{m}^3\ (= 8640\ \text{dm}^3)$

$1\ \text{dm}^3 = 1\ \text{l}$

$8640\ \text{dm}^3 = 8640\ \text{l}$

$8640\ \text{l} : 10\ \frac{\text{l}}{\text{Eimer}} = \frac{8640}{10}\ \frac{\text{l} \cdot \text{Eimer}}{\text{l}} =$

864 Eimer

Es sind 864 Eimerfüllungen.

4. Aus einer Zisterne mit 15,68 hl Inhalt wird eine Gießkanne mit 16 Litern mehrmals zum Gießen gefüllt. Wie oft kann dies geschehen?

Lösung

gegeben: Inhalt, Kannengröße
gesucht: Kannenanzahl

$15{,}68\ \text{hl} = 1568\ \text{l}$

$1568\ \text{l} : 16\ \frac{\text{l}}{\text{Kanne}} = \frac{1568}{16}\ \frac{\text{l} \cdot \text{Kanne}}{\text{l}} =$

98 Kannen

Es können 98 Kannen geschöpft werden.

Rechenaufgaben

1. Fülle die Leerstellen.

	a)	b)	c)	d)	e)	f)	g)	h)
kg	☐	☐	3,007	☐	☐	0,768	☐	☐
g	3,75	☐	☐	0,0385	☐	☐	42,96	☐
mg	☐	802,9	☐	☐	1234567	☐	☐	506 070

2. Verwandle die Massen in die angegebene Einheit.

a) 3 kg 700 g (kg)
b) 73 kg 150 g (g)
c) 1 t 20 kg (t)
d) 107 t 50 kg (kg)
e) 1 kg 375 g 100 mg (kg)
f) 1 kg 735 g 500 mg (g)

3. Schreibe in der kleinsten angegebenen Benennung.

a) 4 h 12 min
b) 8 h 27 min
c) 5 h 36 min 58 s
d) 37 h 48 min
e) 3 d 15 h 37 min
f) 9 h 10 min 30 s
b) 1 t 8 h 20 min
h) 17 h 3 min 50 s

4. Berechne die folgenden Größen.

	a)	b)	c)	d)	e)	f)	g)	h)
km	□	□	□	0,008	□	0,03	□	1,25
m	108	45	□	□	□	□	□	□
cm	□	□	6580	□	4070	□	7849,5	□

5. Rechne um.

	a)	b)	c)	d)	e)	f)	g)	h)
a	12	□	□	□	212	□	□	3,5
m^2	□	□	470	□	□	10 271	□	□
ha	□	5	□	30	□	□	0,2	□

6. Rechne in Kubikdezimeter um.

a) 12 m^3
b) 7 m^3
c) 512 m^3
d) 2,345 m^3
e) 0,578 m^3
f) 0,005 m^3
g) 12 m^3 642 dm^3
h) 90 m^3 180 dm^3

7. Rechne um in m^3.

a) 380 dm^3
b) 400 cm^3
c) 725 cm^3
d) 138 539 cm^3
e) 12 500 dm^3
f) 99 099 cm^3
g) 4583 dm^3
h) 102 030 405 060 mm^3

8. Berechne.

a) 8 hl + 2,25 hl + 25 l + 0,75 hl = □
b) 4,8 hl – 80 dm^3 = □
c) 8 hl 8 l – 108 dm^3 = □
d) 67 hl 4 l + 61450 cm^3 – 955 l = □
e) 85 hl 10 dm^3 + 1 m^3 – 480 l = □
f) 17 hl + 73 cm^3 = □
g) 29 l + 600 mm^3 = □
h) 5 hl + 2,4 m^3 – 368 dm^3 – 218 l = □

9. In einem Fass sind 397 dm^3. Zuerst werden 492 Flaschen zu je 0,25 l, dann 300 Flaschen zu je 0,33 l abgefüllt, der Rest in Flaschen zu 0,7 dm^3. Wie viele Flaschen werden insgesamt gebraucht?

10. Ein Grundstück ist 38,4 m lang und 167,5 dm breit. Zwei Einfahrtstore, das eine Tor mit 560 cm und das andere mit 49 dm Breite, werden frei gehalten.

a) Erstelle eine bemaßte Skizze.
b) Berechne die Länge des Zaunes.
c) Stelle den Preis des Zaunes fest, wenn der laufende Meter 39,50 € kostet.

11. In einem Bierfass befinden sich 0,72 hl Pils.

a) Wie viele 0,4-Liter-Gläser können damit gefüllt werden?
b) Berechne den Umsatz durch den Verkauf zu einem Preis von 275 Cts das Glas.

12. Ein Gehsteig (27 dm breit, 40,5 m lang) wird mit quadratischen Platten (Seitenlänge 45 cm) belegt.
a) Wie viele Platten werden benötigt?
b) Wie teuer kommen die Platten, wenn eine Platte 6,95 € kostet?
c) Berechne die Lohnkosten, wenn zwei Arbeiter an zwei Tagen bei einem Stundenlohn von 47,55 € pro Arbeiter schaffen und jeder Arbeitstag 8 Stunden hat.

13. Ein Gemüsehändler kauft 150 kg Orangen, das Kilo für 72 Cts. Die Fracht kostet 36 €. Ein Fünftel der Orangen verdirbt beim Lagern.
a) Wie viele Gramm Orangen können verkauft werden?
b) Wie viele Netze werden benötigt, wenn die Orangen in Netzen von 1500 g verkauft werden sollen?
c) Wie teuer muss ein Netz Orangen sein, damit der Händler noch einen Gewinn von 45,60 € erzielen kann?

14. Ein Klassenzimmer ist 10,30 m lang und 320 cm hoch. Die Grundfläche beträgt 69,525 m^2.
a) Wie breit ist das Klassenzimmer?
b) Welchen Rauminhalt hat es?
c) Wie groß ist der umbaute Raum eines Anbaus, der aus drei solcher Klassenzimmer besteht, und für Flur und Nebenräume die 1,5fache Grundfläche eines Zimmers gerechnet werden muss?

15. Ein Zug fährt um 6.15 Uhr in München ab und erreicht Hamburg um 14.25 Uhr.
a) Berechne die Fahrzeit in Stunden und Minuten.
b) Wie viele solcher Fahrten kann der Zug an zwei Tagen machen, wenn er nach einem jeweils einstündigen Aufenthalt am jeweiligen Zielort wieder zurück fährt?

16. Werden Größen mit Zahlen multipliziert / durch Zahlen dividiert, wird die Benennung beibehalten.
a) $7{,}5\text{ cm} \cdot 8 = \square$
b) $120\text{ km} : 40 = \square$
c) $(8\text{ dm}^2 + 15\text{ dm}^2) \cdot 3 = \square$
d) $(25\text{ cm} + 8\text{ cm} - 13\text{ cm}) \cdot 24 = \square$
e) $5 \cdot (17\text{ kg} + 38\,000\text{ g} - 0{,}029\text{ t}) = \square$
f) $60 \cdot (3\text{ s} + 117\text{ s} - 0{,}5\text{ min}) = \square$
g) $19{,}3\text{ dm}^3 \cdot 7900 + 8\,500\,000\text{ cm}^3 = \square$
h) $25\text{ h} - (1080\text{ min} + 10\,800\text{ s}) = \square$

17. Werden Größen mit Größen multipliziert / durch Größen dividiert, so werden erst die Maßzahlen und dann die Benennungen multipliziert / dividiert.
a) $3\text{ m} \cdot 5\text{ m} = \square$
b) $8\text{ cm} \cdot 5\text{ cm} \cdot 3\text{ cm} = \square$
c) $25\text{ m}^2 \cdot 3\text{ m} = \square$
d) $720\text{ m}^2 : 36\text{ m} = \square$
e) $88\text{ m}^2 : 11\text{ m} = \square$
f) $135\,000\text{ mm}^3 : 36\,000\text{ mm} = \square$
g) $3{,}8\text{ cm} \cdot 12\text{ mm} = \square$
h) $5{,}98\text{ t} : 40\text{ kg} \cdot 2 = \square$

2 Zusammengesetzte Größen

Musteraufgaben

Stundenlohn

Ein Fabrikarbeiter verdient 13 € pro Stunde und arbeitet 8 Stunden.

Berechne sein *Arbeitsentgelt* (Verdienst).

Ein Fabrikarbeiter verdient 104 € in 8 Arbeitsstunden.

Berechne seinen *Stundenlohn* (Lohn pro Stunde).

Ein Fabrikarbeiter verdient 104 € bei einem Stundenlohn von 13 € pro Stunde.

Berechne seine *Arbeitszeit* (Stundenanzahl).

Überlegungen zu den Aufgaben

- Die Grundgrößen passen zueinander.
- Die Grundgrößen haben die gleiche Benennung.
- Durch Division der Grundgrößen ist die zusammengesetzte Größe entstanden.
- Die zusammengesetzte Größe und/oder die Grundgröße entsprechen der Aufgabenstellung.
- Grundgrößen / zusammengesetzte Größen sind bei Bedarf umzurechnen.

Lösungen

gegeben: Lohn pro Stunde (L), Stundenanzahl (S)
gesucht: Verdienst (V)

$V = L \cdot S$

$V = 13\,\frac{€}{h} \cdot 8\text{ h}$

$V = 13 \cdot 8\,\frac{€ \cdot h}{h}$

$V = 104\text{ €}$

Der Verdienst beträgt 104 €.

gegeben: Verdienst (V), Stundenanzahl (S)
gesucht: Lohn/Stunde (L)

$L = V : S$

$L = 104\text{ €} : 8\text{ h}$

$L = 104 : 8\,\frac{€}{h}$

$L = 13\,\frac{€}{h}$

Der Stundenlohn beträgt 13 $\frac{€}{h}$.

gegeben: Verdienst (V), Lohn pro Stunde (L)
gesucht: Stundenanzahl (S)

$S = V : L$

$S = 104\text{ €} : 13\,\frac{€}{h}$

$S = 104 : 13\,\frac{€ \cdot h}{€}$

$S = 8\text{ h}$

Es sind 8 Stunden.

Ergebnisüberprüfung

Sie erfolgt in zwei Schritten: Erst wird das Ergebnis des Rechnens mit den Maßzahlen überprüft, dann das Ergebnis des Rechnens mit den Benennungen.

Preis

Auch Preise sind letztlich zusammengesetzte Größen, denn der Preis bezieht sich auf eine bestimmte andere Grundgröße, z. B.:

$\frac{€}{l}$ beim Benzinpreis: $0{,}86\ \frac{€}{l}$ $\frac{€}{m}$ beim Elektrokabel: $0{,}90\ \frac{€}{m}$

$\frac{€}{kg}$ beim Obst: $1{,}95\ \frac{€}{kg}$ $\frac{€}{Stück}$ bei Blumen: $1{,}25\ \frac{€}{Stück}$

Musteraufgaben

Geschwindigkeit

Ein Autofahrer fährt mit 90 km/h auf der Landstraße.	Ein Autofahrer fährt 270 km auf der Landstraße in 3 Stunden.	Ein Autofahrer fährt mit 90 km/h eine 270 km lange Strecke auf der Landstraße.
Wie viele km ist er in 3 h gefahren? *(Weg)*	Wie schnell ist er gefahren? *(Geschwindigkeit)*	Wie lange braucht er dazu? *(Fahrzeit)*

Überlegungen zu den Aufgaben

Es gelten die gleichen Überlegungen wie vorstehend. Ist die Geschwindigkeit in verschiedenen Größen gegeben, muss mit der Umrechnungszahl 3,6 umgerechnet werden, nämlich: $\frac{m}{s} \xrightarrow{\cdot 3{,}6} \frac{km}{h}$ oder $\frac{km}{h} \xrightarrow{:3{,}6} \frac{m}{s}$

Lösungen:

gegeben: Geschwindigkeit (v), Fahrzeit (t)	gegeben: Weg (s), Fahrzeit (t)	gegeben: Geschwindigkeit (v), Weg (s)
gesucht: Weg (s)	gesucht: Geschwindigkeit (v)	gesucht: Fahrzeit (t)
$s = v \cdot t$	$v = s : t$	$t = s : v$
$s = 90\ \frac{km}{h} \cdot 3\ h$	$v = 270\ km : 3\ h$	$t = 270\ km : 90\ \frac{km}{h}$
$s = 90 \cdot 3\ \frac{km \cdot h}{h}$	$v = 270 : 3\ \frac{km}{h}$	$t = 270 : 90\ \frac{km \cdot h}{km}$
$V = 270\ km$	$v = 90\ \frac{km}{h}$	$t = 3\ h$
Der Weg beträgt 270 km.	*Das Auto fährt mit der Geschwindigkeit 90* $\frac{km}{h}$.	*Die Fahrzeit dauert 3 Stunden.*

Ergebnisüberprüfung

Sie erfolgt in zwei Schritten, erst wird das Ergebnis des Rechnens mit den Maßzahlen überprüft und dann das Ergebnis des Rechnens mit den Benennungen.

Rechenbeispiele

1. In Firma A verdient eine Angestellte bei 40 Wochenstunden 1800 € im Monat (= 4 Wochen). Firma B bietet ihr eine Stelle für 1998 € an, erwartet jedoch eine 45-Stunden-Woche.

a) Ist dieses Angebot besser?

b) Um wie viele € unterscheiden sich die beiden Angebote?

Lösung:

gegeben: Wochenstunden A und B, Monatsverdienst A und B

gesucht: höherer/niedrigerer Stundenlohn, Unterschied der Stundenlöhne

a) $4 \cdot 40\ \text{h} = 160\ \text{h}$

$1800\ € : 160\ \text{h} = \frac{1800}{160}\ \frac{€}{\text{h}} = 11{,}25\ \frac{€}{\text{h}}$

Stundenlohn A: 11,25 $\frac{€}{h}$.

$4 \cdot 45\ \text{h} = 180\ \text{h}$

$1998\ € : 180\ \text{h} = \frac{1998}{180}\ \frac{€}{\text{h}} = 11{,}10\ \frac{€}{\text{h}}$

Stundenlohn B: 11,10 $\frac{€}{h}$.

b) $11{,}25\ \frac{€}{\text{h}} - 11{,}10\ \frac{€}{\text{h}} = 0{,}15\ \frac{€}{\text{h}}$

Unterschied der Angebote: 0,15 $\frac{€}{h}$.

2. Bei einer Geschwindigkeit von 32 m in der Sekunde legt ein Zug die Strecke zwischen zwei Städten in $1\frac{1}{4}$ Stunden zurück.

a) Berechne die Entfernung der Städte voneinander.

b) Wie schnell muss der Zug fahren, wenn die Fahrzeit um 15 Minuten verkürzt wird?

Lösung:

gegeben: Geschwindigkeit v, Fahrzeit t

gesucht: Weg s, neue Fahrzeit

a) $32\ \frac{\text{m}}{\text{s}} \cdot 3{,}6 = 115{,}2\ \frac{\text{km}}{\text{h}}$

$115{,}2\ \frac{\text{km}}{\text{h}} \cdot 1{,}25\ \text{h} =$

$115{,}2 \cdot 1{,}25\ \frac{\text{km} \cdot \text{h}}{\text{h}} = 144\ \text{km}$

Entfernung der Städte: 144 km.

b) $15\ \text{Minuten} = 0{,}25\ \text{h}$

$1{,}25\ \text{h} - 0{,}25\ \text{h} = 1\ \text{h}$

$144\ \text{km} : 1\ \text{h} = 144\ \frac{\text{km}}{\text{h}}$

Neue Geschwindigkeit: 144 $\frac{km}{h}$.

Rechenaufgaben

1. Wie weit kommt ein Autofahrer, wenn er den leeren Tank für 40,32 € füllt, der Liter Treibstoff 0,84 € kostet und der Verbrauch seines Wagens mit 10 Litern pro 100 km Fahrtstrecke angegeben wird?

2. Ein Waschmittel wird in einer 3,6 kg-Trommel für 16,74 € und in einer 5 kg-Trommel für 20,75 € angeboten. Für welches Angebot würdest du dich entscheiden, wenn du das günstigere wählen sollst?

3. Eine Getränkefirma bestellt 125 Kästen mit je 12 Flaschen. Pro Flasche werden 0,15 € berechnet, pro Kasten 3 €. Wie hoch ist der Rechnungsbetrag?

4. In einer Firma werden Nägel zu 8,50 $\frac{€}{kg}$ und 12,50 $\frac{€}{kg}$ hergestellt.

a) Berechne den jeweiligen Preis für 4 kg, 8 kg und 10 kg.
b) Wie viele Gramm Nägel von jeder Sorte erhält man für 25 €, 50 € und 100 €?

5. Für das Austragen von Werbeschriften erhält Peter 30 €.
Berechne den Stundenlohn, wenn er dafür 2,5 Stunden benötigte.

6. Frau Richter hat einen Stundenlohn von 12,90 €. Berechne ihren Verdienst für folgende Arbeitszeiten: 8 h, 24 h, $35\frac{1}{2}$ h, 40 h 30 min und 52 h 20 min.

7. Ein Schlosser schmiedet ein Werkstück in 12 Stunden. Berechne den Mindestpreis bei einem Stundenlohn von 13,28 $\frac{€}{h}$ und Materialkosten in Höhe von 31,82 €.

8. Eine Teilzeitkraft verdient in 12 Wochenstunden 99,00 €.

a) Berechne den Stundenlohn und den Monatsverdienst, wenn sie monatlich 52 Stunden gearbeitet hat.
b) Errechne den Jahresverdienst, wenn sie 2 Monate als Vollkraft mit je 160 h und 10 Monate als Teilzeitkraft mit je 52 Stunden arbeitete.

9. Ein Flugzeug fliegt mit einer Stundengeschwindigkeit von 650 km/h.

a) Berechne die Flugzeit für die 6200 km lange Strecke Frankfurt – New York.
b) Wie lange braucht ein Flugzeug, das mit 975 km/h fliegt, für die gleiche Strecke?

10. Wie lange braucht ein Dauerläufer für die 4,4 km lange Strecke um den See, wenn er in der Sekunde 4 m zurück legt?

11. Ein Güterzug fährt mit v = 66 km/h. Welche Strecke legt er in $3\frac{1}{4}$ Stunden zurück?

12. Ein Flugzeug fliegt in 4,6 Stunden 3105 km weit. Berechne die Geschwindigkeit in km/h und m/s.

13. Auf dem Salzburgring fährt ein Rennfahrer mit einer Geschwindigkeit von 205,6 km/h. Wie lange braucht er für 719,6 km?

14. Berechne die Flugzeit einer Concorde (2200 km/h) für die Strecke London – New York (5700 km).

15. Ein Flugzeug fliegt mit 200 m/s. Wie lange braucht es für eine Strecke von 2160 km?

C Proportionale Zuordnung

Musteraufgabe

In einer Eisdiele werden 3 Eiskugeln für 2,70 € verkauft. Wie teuer kommen dort 5 Eiskugeln?

Eiskugeln in Stück:	3	5
Preis in €:	2,70	x

Überlegungen zur Aufgabe

Die Aufgabe kann grafisch auf zwei Arten dargestellt werden:

als Leiter oder

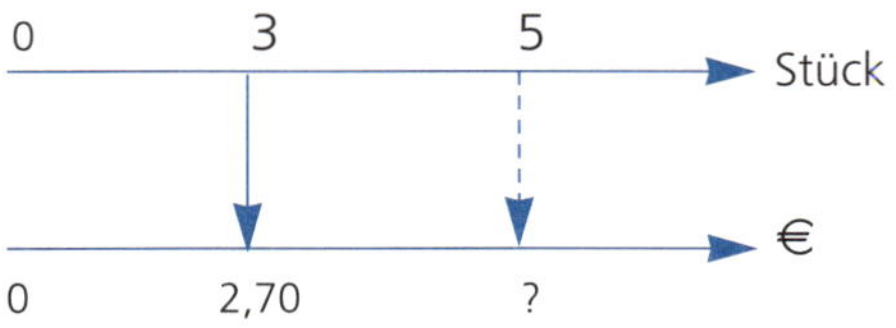

Tabelle

Eiskugeln in Stück	*Preis in €*
3	2,70
5	x

Die Aufgabe wird rechnerisch gelöst, indem man diese Grundgedanken berücksichtigt:

Je mehr Eiskugeln gekauft werden, **desto mehr** Geld ist zu bezahlen.

Je weniger Eiskugeln gekauft werden, **desto weniger** Geld ist zu bezahlen.

oder

Je mehr Geld bezahlt wird, **desto mehr** Eiskugeln bekommt man.

Je weniger Geld bezahlt wird, **desto weniger** Eiskugeln bekommt man.

Lösung

Bei der Aufgabenlösung geht es um diese Punkte:

- Wir bilden zwei Wertepaare.
- Von einem Wertepaar sind zwei Größen bekannt.
- Vom anderen Wertepaar ist nur eine Größe bekannt.

- Auf der Grundlage des vollständig bekannten einen Wertepaares wird der fehlende Wert des unvollständig bekannten anderen Wertepaares berechnet.
- Zur Berechnung müssen immer gleiche Größen untereinander stehen.
- Verschiedene Größen eines Größenbereiches sind umzurechnen.
- Bei der Zuordnung entsprechender Werte wird das Entsprichtzeichen $\triangleq$ verwendet.

Nun wird der Ansatz erstellt und die Rechnung durchgeführt:

bekanntes Wertepaar: 3 Stück $\triangleq$ 2,70 €

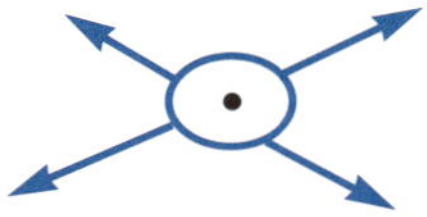

unbekanntes Wertepaar: 5 Stück $\triangleq$ x €

$$x \cdot 3 = 5 \cdot 2{,}70$$

$$x = \frac{5 \cdot 2{,}70}{3}$$

$$x = 4{,}50\ €$$

Antwort: 5 Eiskugeln kosten 4,50 €.

Überschlagsrechnung

Vielfach lässt sich das Ergebnis genau oder näherungsweise durch eine Überschlagsrechnung schnell überprüfen.

Dreisatz

Stück	€
3	2,70
5	...

1 Stück kostet 2,70 € : 3 Stück = 0,90 € / Stück
5 Stück kosten 0,90 € /Stück · 5 Stück = 4,50 €

Gelegentlich bietet sich auch der Zweisatz an, wie dieses Beispiel zeigt:

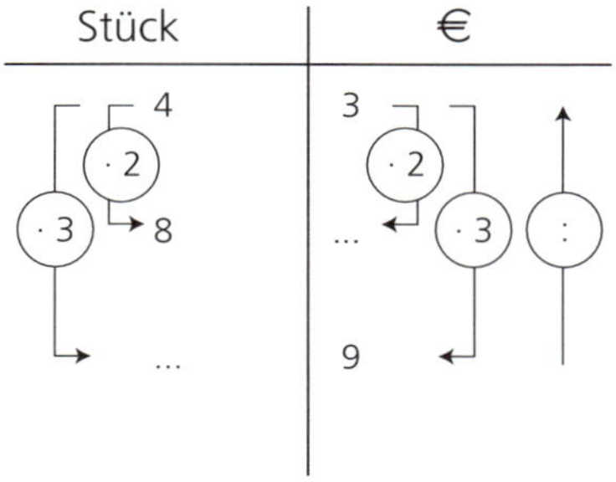

4 Stück kosten 3 €.

8 Stück, das sind doppelt soviel wie 4 Stück, kosten doppelt soviel, also 6 €.

Für 9 €, das ist dreimal soviel wie 3 €, bekommt man dreimal soviel wie 4 Stück, also 12 Stück.

Liegt zum Beispiel das Wertepaar 12 Stück zu 9 € vor, errechnet man die unbekannte niedrigere Stückzahl oder den unbekannten niedrigeren €-Betrag mit der Division.

Rechenbeispiele

1. Für 2,61 € bekommt man 9 Getränkedosen

a) Wie viele gibt es für 8,41 €?

Lösung

Je mehr Geld, **desto mehr** Dosen.

gegeben: 2,61 € für 9 Dosen
gesucht: 8,41 € für x Dosen (mehr)

2,61 € $\hat{=}$ 9 Dosen
8,41 € $\hat{=}$ x Dosen

$x \cdot 2{,}61 = 8{,}41 \cdot 9$

$x = \frac{8{,}41 \cdot 9}{2{,}61}$

x = 29 Dosen

Für 8,41 € gibt es 29 Dosen.

b) Wie viele gibt es für 1,74 €?

Lösung

Je weniger Geld, **desto weniger** Dosen.

gegeben: 2,61 € für 9 Dosen
gesucht: 1,74 € für x Dosen (weniger)

2,61 € $\hat{=}$ 9 Dosen
1,74 € $\hat{=}$ x Dosen

$x \cdot 2{,}61 = 1{,}74 \cdot 9$

$x = \frac{1{,}74 \cdot 9}{2{,}61}$

x = 6 Dosen

Für 1,74 € gibt es 6 Dosen.

2. Der Teppich für das 24 m² große Schlafzimmer kostet 504 €. Wie teuer kommt der gleiche Teppich für das

a) 36 m² das Wohnzimmer?

Lösung

Je mehr m², **desto mehr** Geld.

gegeben: 24 m² für 504 €
gesucht: 36 m² um x Geld (mehr)

24 m² $\hat{=}$ 504 €
36 m² $\hat{=}$ x €

$x \cdot 24 = 36 \cdot 504$

$x = \frac{36 \cdot 504}{24}$

x = 756 €

36 m² Teppich kosten 756 €.

b) 17 m² große Kinderzimmer?

Lösung

Je weniger m², **desto weniger** Geld.

gegeben: 24 m² für 504 €
gesucht: 17 m² um x Geld (weniger)

24 m² $\hat{=}$ 504 €
17 m² $\hat{=}$ x €

$x \cdot 24 = 17 \cdot 504$

$x = \frac{17 \cdot 504}{24}$

x = 357 €

17 m² Teppich kosten 357 €.

Rechenaufgaben

1. Löse die Aufgaben möglichst geschickt.

a) 4,5 kg einer Ware kosten 6,00 €.
Berechne den Preis für 36 kg; 2,5 kg; 1,5 kg; 3,6 kg und 4 kg.

b) Auf 100 km verbraucht ein Auto im Durchschnitt 8,5 Liter Benzin.
Wie viele Kilometer können mit folgenden Mengen Benzin zurückgelegt werden: 24 l; 15 l; 80 l und 27 l?

2. Löse möglichst vorteilhaft.

a) Für das Streichen einer Fläche von 27,5 m^2 wurden 178,75 € berechnet.
Wie viele € würde der gleiche Anstrich bei diesen Flächen kosten:
34,8 m^2; 19,4 m^2; 47,8 m^2; 75 m^2 und 118 m^2?

b) Eine englische Seemeile entspricht einer Länge von 1,609 km. Rechne in englische Seemeilen um:
75 km; 16,6 km; 31,8 km; 57 km; 112 km und 40,5 km.

3. Fritz hat einen Eimer mit 35 kg Wandfarbe gekauft. Auf dem Etikett steht folgender Hinweis: „18 kg Farbe reichen für 50 m^2 Fläche."

a) Stelle den Zusammenhang zwischen Farbe (kg) und Fläche (m^2) grafisch im Koordinatensystem dar, wobei 1 cm $\triangleq$ 5 kg (x-Achse) und 1 cm $\triangleq$ 10 m^2 (y-Achse) sein sollen.

b) Lies aus der grafischen Darstellung ab, wie viele m^2 Wandfläche mit 35 kg Farbe gestrichen werden können.

c) Fritz soll drei Räume mit 35 m^2; 87 m^2 und 115 m^2 Wandfläche streichen. Entnimm dem Diagramm möglichst genau, wie viele kg Farbe für jeden einzelnen Raum benötigt werden.

d) Überprüfe die für die drei Räume abgelesenen Werte rechnerisch.

4. In einem Mietshaus befinden sich drei Wohnungen: Wohnung A mit 42 m^2; Wohnung B mit 63 m^2 und Wohnung C mit 84 m^2. Die gesamten Heizkosten beliefen sich im letzten Jahr auf 4734 €. Wie viele € fallen für jeden Mieter an, wenn die Kosten gemäß der Wohnungsgröße aufgeteilt werden?

5. Die drei Gemeinden A (4950 Einwohner), B (6050 Einwohner) und C (8800 Einwohner) bauen gemeinsam eine Kläranlage. Alle auf die drei Gemeinden entfallenden Kosten werden gemäß der Einwohnerzahl auf die Gemeinden umgelegt. Die Gemeinden A und B müssen zusammen 1 442 000 € bezahlen.

a) Berechne den Anteil jeder Gemeinde.

b) Wie viele € müssen alle Gemeinden zusammen bezahlen?

6. Aus 25 kg Kartoffeln kann man 21 kg Pommes frites herstellen.

a) Wie viele kg Pommes frites kann man aus 1 t Kartoffeln herstellen?

b) Wie viele 400-Gramm-Pakete Pommes frites kann man daraus abpacken?

c) Wie viele kg Kartoffeln braucht man für 1 t Pommes frites?

d) Wie viele 400-Gramm-Pakete Pommes frites kann man daraus abpacken?

7. Fährt ein Auto mit durchschnittlich 64 km/h, legt es eine bestimmte Strecke in 2,5 Stunden zurück.
a) Mit welcher Geschwindigkeit muss das Auto fahren, wenn es die Strecke in 2 Stunden zurücklegen will?
b) Wie lange braucht das Auto für diese Strecke, wenn es mit durchschnittlich 60 km/h fährt?

8. Vergleiche die Meterpreise zweier Gartenschläuche.
Fabrikat A: 25 m kosten 17,25 €.
Fabrikat B: 20 m kosten 19 €.
Bei Fabrikat B werden jedoch ein Anschlussstück im Wert von 1,88 € und eine Spritze im Wert von 4,37 € mitgeliefert.

9. In einem Betrieb verbrauchen 27 Lampen bei einer täglichen Brenndauer von 4 Stunden für 4,05 € Strom.
Wie viel kostet es, wenn nach einer Erweiterung der Beleuchtung auf 40 Lampen diese täglich 4,5 Stunden brennen?

10. Für 33 Schüler werden Arbeitshefte bestellt. Die Rechnung lautet auf 163,05 €, wobei ein Lehrerheft um 6 € zum halben Preis enthalten ist.
Wie teuer kommen die Arbeitshefte für die
a) 27 Schüler der B-Klasse?
b) 30 Schüler der C-Klasse?
c) 34 Schüler der D-Klasse?

11. Ein Ballen Vorhangstoff mit 60 Metern kostet 1350 €.
Was kostet die Ausstattung eines Wohnraumes mit 15 m Stoff, wenn die Kosten für die Vorhangschienen 153,80 € und die Arbeitslöhne 97,20 € betragen?

12. Ein Großhändler kauft 600 kg reinen Bienenhonig und die entsprechende Anzahl von 500-Gramm-Gläsern mit einem Stückpreis von 0,25 € um 3000 € ein.
a) Wie viele Gläser hat der Großhändler gekauft?
b) Wie teuer kommen 600 kg Bienenhonig?
c) Berechne den Preis für 350 kg Bienenhonig.
d) Wie teuer kommen 350 kg Bienenhonig einschließlich der 500-Gramm-Gläser?

13. Robert arbeitet in der Woche 40 Stunden und verdient sich bei seiner vierwöchigen Ferienarbeit 1280 €. Hans arbeitet in der Woche 45 Stunden und verdient sich bei seiner Ferienarbeit 65 € weniger als Robert. Berechne
a) den Stundenlohn von Robert.
b) den Stundenlohn von Hans.
c) wie viel Robert bei der Arbeitszeit von Hans verdient hätte.
d) wie viel Hans bei der Arbeitszeit von Robert verdient hätte.

D Prozentrechnung

Musteraufgabe

Auf dem Schulfest ist eine Wurfbude aufgebaut. Bei 20 Würfen hat Hanna 7 Treffer. Bei 25 Würfen hat Max 8 Treffer.

a) Wer hat absolut die meisten Treffer?
b) Wer hat relativ, also im Verhältnis zur Anzahl der Würfe, die meisten Treffer?

Hanna

Max

Überlegungen zur Aufgabe

a) Die absolut meisten Treffer hatte Max, denn:
8 Treffer > 7 Treffer

b) Max hatte aber mehr Würfe, denn:
25 Würfe > 20 Würfe

Um die Ergebnisse der beiden Kinder echt vergleichen zu können, tun wir so, als hätte jeder von beiden 100 Würfe gehabt und auch entsprechend öfter getroffen.

Für Hanna ergibt sich:
hochgerechnete Anzahl der Würfe
$20 \cdot 5 = 100$ Würfe
hochgerechnete Anzahl der Treffer
$7 \cdot 5 = 35$ Treffer

Hanna hatte also 35 Treffer pro Hundert Würfe.

Für Max ergibt sich:
hochgerechnete Anzahl der Würfe
$25 \cdot 4 = 100$ Würfe
hochgerechnete Anzahl der Treffer
$8 \cdot 4 = 32$

Max hatte also 32 Treffer pro Hundert Würfe.

Anders ausgedrückt:
Hanna hatte eine Trefferquote von 35 %. Max hatte eine Trefferquote von 32 %.

Relativ, also im Verhältnis gesehen, ist Max schlechter als Hanna, denn:
32 % < 35 %

Grafisch kann das Ergebnis so dargestellt werden:

Stabdiagramm und Säulendiagramm

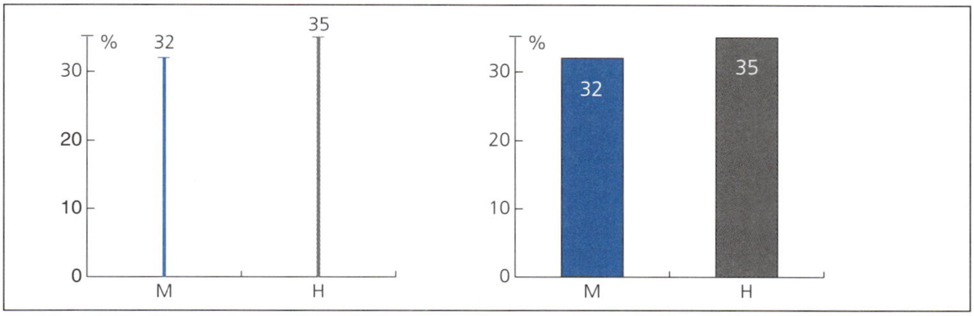

Stabdiagramm und Säulendiagramm stellen Entwicklungen und Zustände sehr gut grafisch dar.

Kreisdiagramm und Rechteckdiagramm

Max

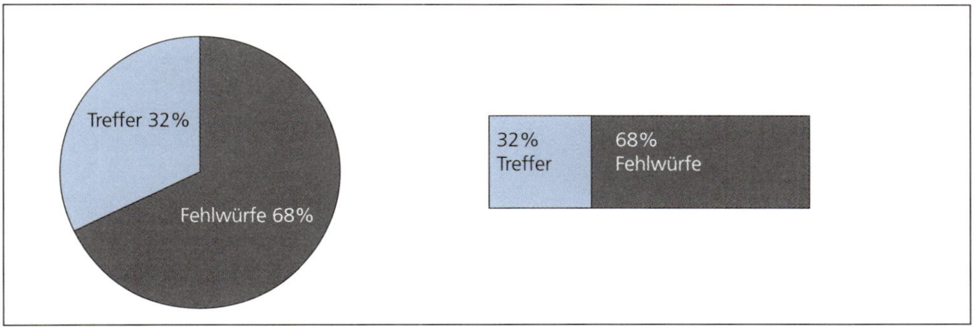

32 % + 68 % = 100 %

Hanna

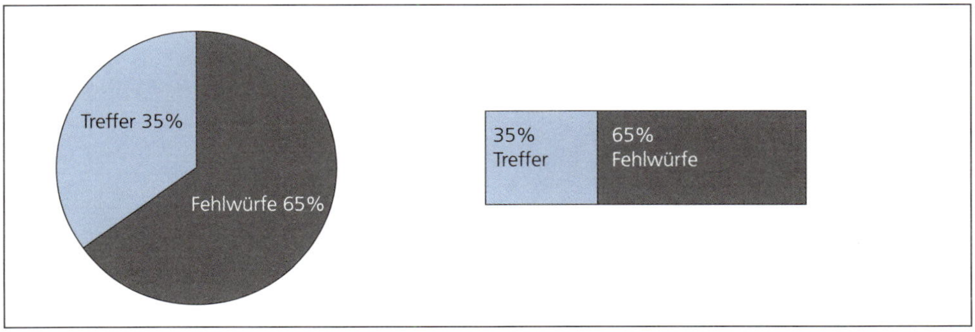

35 % + 65 % = 100 %

Kreis- und Rechteckdiagramm stellen Zustände sehr gut grafisch dar, z. B. eine Teilgröße als Teil einer Gesamtgröße.

Lösung

Bei der rechnerischen Aufgabenlösung geht es um diese Punkte:

- Bildung von zwei Wertepaaren, die je aus einer Größe und einer Prozentzahl bestehen.
- Vom einen Wertepaar sind Größe und Prozentzahl bekannt.
- Vom anderen Wertepaar ist nur die Größe oder die Prozentzahl bekannt.
- Auf der Grundlage des vollständig bekannten einen Wertepaares wird der fehlende Wert des unvollständig bekannten anderen Wertepaares berechnet.
- Zur Berechnung müssen immer die Größen auf der einen und die Prozentzahlen auf der anderen Seite untereinander stehen.
- Verschiedene Größen eines Größenbereichs sind umzurechnen.
- Bei der Zuordnung der entsprechenden Größen und Prozentzahlen wird das Entsprichtzeichen ≙ verwendet

Nun wird der Ansatz erstellt und die Rechnung durchgeführt:

Hanna

$20\ \text{Würfe}_{\text{überhaupt}} \;≙\; 100\,\%$

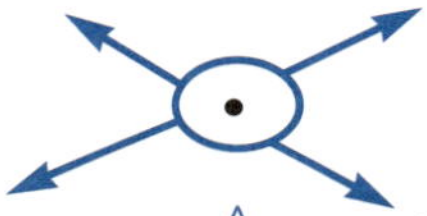

$7\ \text{Würfe}_{\text{getroffen}} \;≙\; x\,\%$

$$x \cdot 20 = 7 \cdot 100$$

$$x = \frac{7 \cdot 100}{20}$$

$$x = 35\,\%$$

Die Anzahl der Treffer betrug bei Hanna 35 %.

Max

$25\ \text{Würfe}_{\text{überhaupt}} \;≙\; 100\,\%$

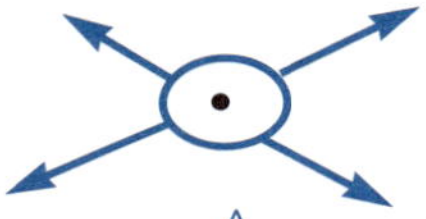

$8\ \text{Würfe}_{\text{getroffen}} \;≙\; x\,\%$

$$x \cdot 25 = 8 \cdot 100$$

$$x = \frac{8 \cdot 100}{25}$$

$$x = 32\,\%$$

Die Anzahl der Treffer betrug bei Max 32 %.

Somit hatte Hanna relativ mehr Treffer erzielt, denn 35 % > 32 %. Sie hat damit gewonnen.

Überschlagsrechnung

Vielfach lässt sich das Ergebnis genau oder näherungsweise durch eine Überschlagsrechnung schnell überprüfen.

Dreisatz

Würfe (Anzahl)	Würfe (Prozente)	von Max
25 $\text{Würfe}_ü$	100 %	1 Wurf entspricht 100 % : 25 Würfe = 4 %
8 Würfe_g	... %	8 Würfe entsprechen 4 % · 8 = 32 %.

Würfe (Anzahl)	Würfe (Prozente)	von Hanna
20 $\text{Würfe}_ü$	100 %	1 Wurf entspricht 100 % : 20 Würfe = 5 %
7 Würfe_g	... %	7 Würfe entsprechen 5 % · 7 = 35 %.

Gelegentlich bietet sich auch der Zweisatz an, wie dieses Beispiel zeigt:

Zweisatz

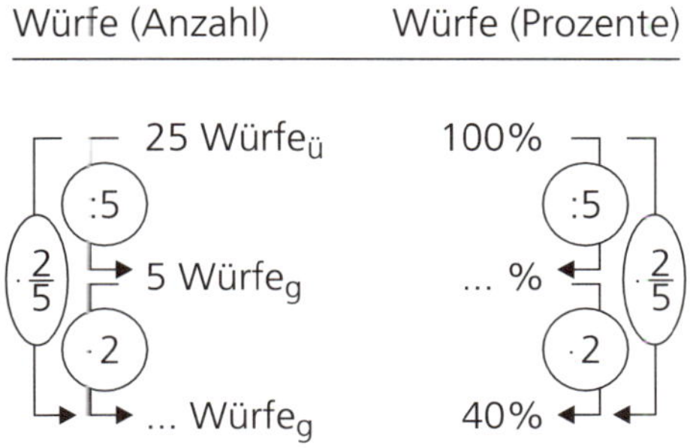

25 $\text{Würfe}_ü$ entsprechen 100 % :

5 Würfe_g entsprechen 100 %: 5 = 20 %

40 % entsprechen 2 · 5 Würfe_g = 10 Würfe_g.

Liegt zum Beispiel das Wertepaar 25 $\text{Würfe}_ü$ ≙ 100 % vor, kann man die unbekannte Anzahl der Würfe_g oder den unbekannten Prozentsatz durch Multiplikation mit einem Bruch berechnen; in diesem Fall

mit $\longrightarrow (:5) \longrightarrow (\cdot 2) \longrightarrow \;\Rightarrow\; \longrightarrow \left(\cdot \frac{2}{5}\right) \longrightarrow$

Rechenbeispiele

1. Petra kauft 15 Lose. Davon waren 9 Nieten, der Rest Gewinne.
Berechne die Anzahl der

a) Nieten in Prozenten.

Lösung
gegeben: alle 15 Lose sind 100 %
gesucht: die 9 Nieten in Prozenten

b) Gewinne in Zahlen und Prozenten.

Lösung
gegeben: alle 15 Lose sind 100 %
gesucht: Anzahl der Gewinne, Gewinnanzahl in Prozenten

15 Lose ≙ 100 %
9 Lose ≙ x %

$x \cdot 15 = 9 \cdot 100$

$x = \frac{9 \cdot 100}{15}$

$x = 60\,\%$

Petra hat 60 % Nieten.

15 Lose − 9 Nieten = 6 Gewinne
15 Lose ≙ 100 %
6 Lose ≙ x %

$x \cdot 15 = 6 \cdot 100$

$x = \frac{6 \cdot 100}{15}$

$x = 40\,\%$

Petra hat 6 Gewinne, das sind 40 %.

2. Beim Kauf eines Computers um 1225,– € erhielt Harald 8 % Preisnachlass. Wie viel musste Harald für den Computer bezahlen?

a) Berechne zuerst den Nachlass in €.

b) Berechne zuerst den Kaufpreis in %.

Lösung a)
gegeben: der genannte Betrag sind 100 %
gesucht: der genannte Prozentsatz in €

100 % ≙ 1225 €
8 % ≙ x €

$x \cdot 100 = 8 \cdot 1225$

$x = \frac{8 \cdot 1225}{100}$

$x = 98$ €
1225 € − 98 € = 1127 €

Harald musste 1127 € zahlen.

Lösung b)
gegeben: der genannte Betrag sind 100 %
gesucht: Kaufpreis in Prozenten, Kaufpreis in €

100 % − 8 % = 92 %
100 % ≙ 1225 €
92 % ≙ x €

$x \cdot 100 = 92 \cdot 1225$

$x = \frac{92 \cdot 1225}{100}$

$x = 1127$ €

Harald musste 1127 € zahlen.

3. Klaus bekam eine Lohnerhöhung von 4,5 %. Das machte einen Mehrverdienst von 74,25 € aus. Berechne

a) den neuen Lohn in €.

b) den alten Lohn in €.

Lösung a)
gegeben: die 4,5 % Lohnerhöhung sind 74,25 €
gesucht: der erhöhte (neue) Lohn in €

Lösung b)
gegeben: der erhöhte (neue) Lohn in €; der Mehrverdienst in €; die Lohnerhöhung in Prozenten
gesucht: die Lohnerhöhung in Prozenten, der vorliegende (alte) Lohn in €

$4{,}5\,\% \mathrel{\hat{=}} 74{,}25\ €$
$100\,\% \mathrel{\hat{=}} x\ €$

$x \cdot 4{,}5 = 100 \cdot 74{,}25$

$x = \dfrac{100 \cdot 74{,}25}{4{,}5}$

$x = 1650\ €$

Der neue Lohn beträgt 1650 €.

$1650\ € - 74{,}25\ € = 1575{,}75\ €$
oder
$100\,\% - 4{,}5\,\% = 95{,}5\,\%$
$100\,\% \mathrel{\hat{=}} 1650\ €$
$95{,}5\,\% \mathrel{\hat{=}} x\ €$

$x \cdot 100 = 95{,}5 \cdot 1650$

$x = \dfrac{95{,}5 \cdot 1650}{100}$

$x = 1575{,}75\ €$

Der alte Lohn betrug 1575,75 €.

Rechenaufgaben

1. Eine Zeitung hat 285000 Leser. Für das kommende Geschäftsjahr rechnet man damit, dass die Leserschaft um 7 % steigt.
a) Wie viele Leser kommen hinzu?
b) Wie groß ist die Leserschaft im kommenden Geschäftsjahr?

2. Bei einem Verkauf entstand ein Verlust von 16 %. Das waren 2883,20 € des gesamten Wertes. Wie viele € war die gesamte verkaufte Ware wert?

3. Ein Schreiner schneidet eine 98 dm^2 große Platte zu. Dabei hat er einen Holzabfall von 8,82 dm^2. Berechne den Abfall in Prozenten.

4. Die Wohnungsmieten in einem Wohnblock wurden um 6 % erhöht. Berechne die alten Mieten aus diesen Erhöhungen:
a) 27,60 € b) 70,80 € c) 37,53 € d) 83,88 €

5. Eine Messinglegierung enthält 280,8 kg Zink und 499,2 kg Kupfer. Berechne
a) den Zinkanteil in Prozenten.
b) den Kupferanteil in Prozenten.

6. Frau Bauer kauft eine neue Kücheneinrichtung für 12000 €. Sie bekommt auf diesen Preis einen Nachlass von 3 %. Vom Restbetrag darf sie noch 2 % abziehen. Wie teuer ist die Küche dann tatsächlich?

7. Der Reiseveranstalter gewährt bei Gruppenreisen einen Preisnachlass von 30 %. Deshalb muss jeder Teilnehmer 12,45 € weniger als bei einer Einzelreise bezahlen. Wie teuer ist die Reise für Einzelreisende?

8. Um wie viel Prozent wurde der Preis einer Bohrmaschine herabgesetzt, wenn er von 134 € auf 117,92 € gesenkt worden ist?

9. Von den Spezialschrauben bleiben 12 000 Stück im Fabriklager, 4800 Stück gehen nach Turin, 36 000 Stück werden nach Köln geliefert, 30 000 Stück werden nach München geschafft und 21 600 nach Ingolstadt.

a) Erstelle eine Tabelle nach diesem Muster. Trage die gegebenen Werte ein.

Ort	Stückzahl	Prozentsatz
Fabriklager		
Turin		
Köln		
München		
Ingolstadt		
gesamt		

b) Berechne die jeweiligen Prozentsätze. Runde auf eine Nachkommastelle.

10. Wie teuer kommt eine Hose, wenn bei ihrem Kauf 16 % Mehrwertsteuer 10,80 € ausmachen?

11. Herr Braun verdiente im letzten Jahr 18400 € (siehe Kreisdiagramm).

a) Wie viele € gab Herr Braun für Versicherungen, Wohnung und Lebensunterhalt aus?

b) Wie viele € sparte Herr Braun?

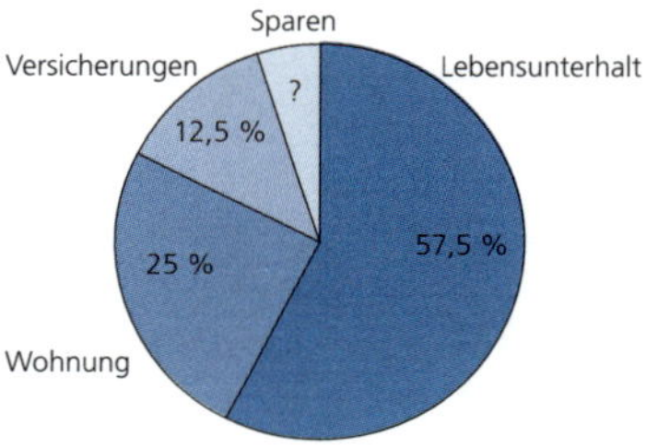

12. Der Barverkaufspreis einer Ware beträgt 3780 €. Da der Kunde Ratenzahlung wünscht, erhöht sich der Preis auf 3969 €. Wie viel Prozent zahlt der Kunde mehr?

13. Berechne die fehlenden Werte, zeige dabei den Lösungsweg auf.

	a)	b)	c)	d)
Grundwert	□	938	688	□
Prozentsatz	7,05 %	□	14 %	126 %
Prozentwert	130,425	119,126	□	6131,16

14. Ein Händler kauft eine Kühltruhe für 486 € ein und verkauft sie für 592,92 €.

a) Wie hoch ist der prozentuale Gewinn?

b) Hat der Händler einen Gewinn/Verlust, wenn er 22 % vom Verkaufspreis nachlässt?

E Prozentdiagramme

Musteraufgabe

Ein Händler kauft Ware im Gesamtwert von 500 € (Grundwert, d. h. 100 %) bei seinem Großhändler ein. Dieser gewährt ihm 75 € (Prozentwert) Preisnachlass, das sind 15 % (Prozentsatz) des Gesamtwertes. Somit muss der Händler nur noch 425 € an den Großhändler bezahlen.

Stelle den Sachverhalt grafisch dar im
a) Stabdiagramm und Säulendiagramm.
b) Kreisdiagramm und Rechteckdiagramm.

Überlegungen zur Aufgabe

Im täglichen Leben werden Prozentzahlen auf die verschiedensten Arten grafisch hervorragend und einprägsam dargestellt werden, z. B. als Piktogramm, als Kartogramm oder Bildstatistik. Hier aber geht es nur um Stab- und Säulendiagramm oder Kreis- und Rechteckdiagramm.

Stabdiagramm

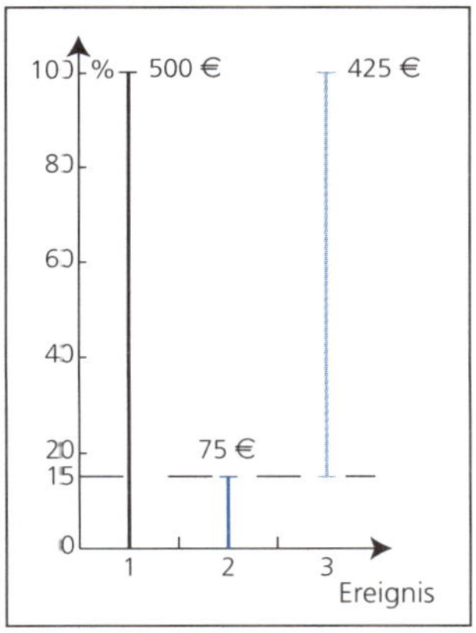

1. Gesamtwert: 500 €
2. Nachlass: 75 €
3. Zahlung: 425 €

425 € + 75 € = 500 €
85 % + 15 % = 100 %

Kreisdiagramm

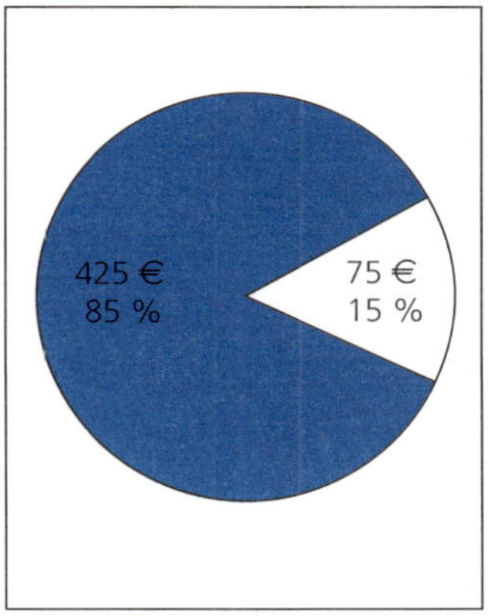

Säulendiagramm

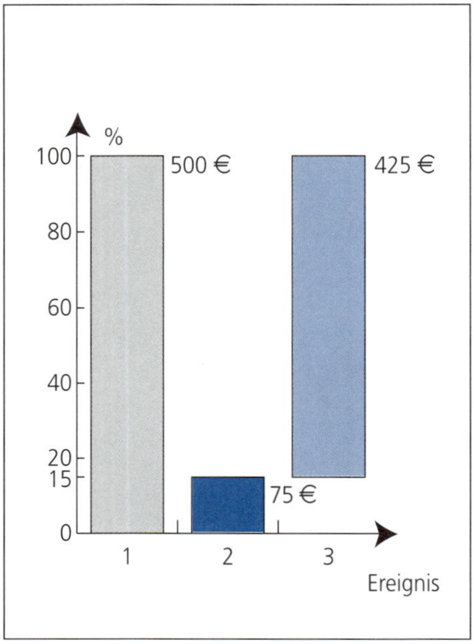

1. Gesamtwert: 500 €
2. Nachlass: 75 €
3. Zahlung: 425 €

Stab- und Säulendiagramme stellen Entwicklungen und Zustände sehr gut grafisch dar, zum Beispiel wenn mehrere Säulen oder Stäbe zum Vergleich nebeneinander stehen.

Rechteckdiagramm

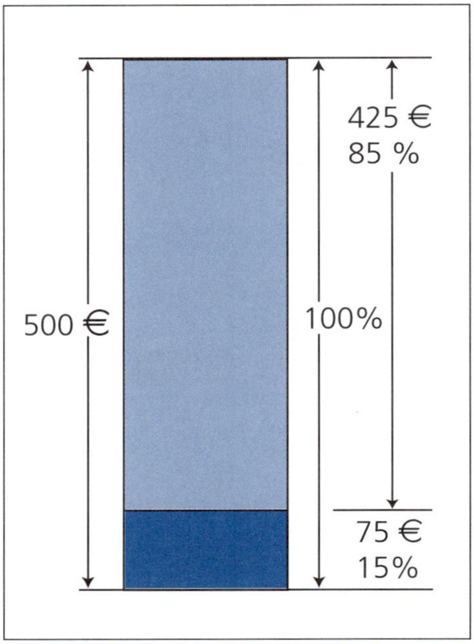

425 € + 75 € = 500 €
85 % + 15 % = 100 %

Kreis- und Rechteckdiagramme stellen Zustände sehr gut grafisch dar, zum Beispiel eine Teilgröße als Teil einer Gesamtgröße.

Lösung

Stab- und Säulendiagramm
Ist das Achsenkreuz gezeichnet, werden seine Achsen gleichmäßig unterteilt: z. B.:

1 cm auf der Hochachse ≙ 10 %,
1 cm auf der Rechtsachse ≙ 1 Ereignis.

Sind die Stäbe oder Säulen in der richtigen Länge senkrecht zur x-Achse eingetragen, ist das Diagramm fertig.

Stabdiagramm
Darstellung mit Zahlen

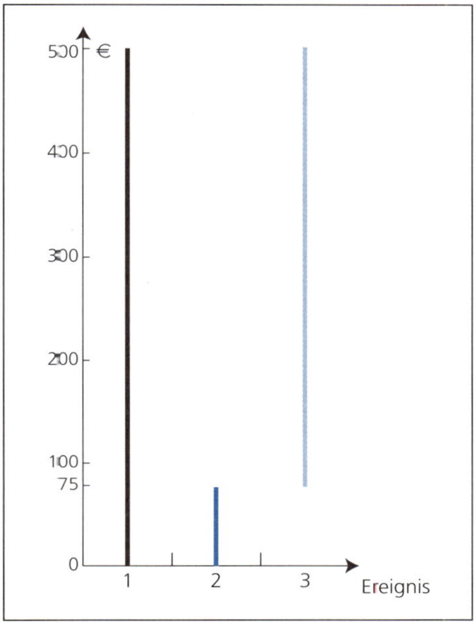

Stabdiagramm
Darstellung mit Prozenten

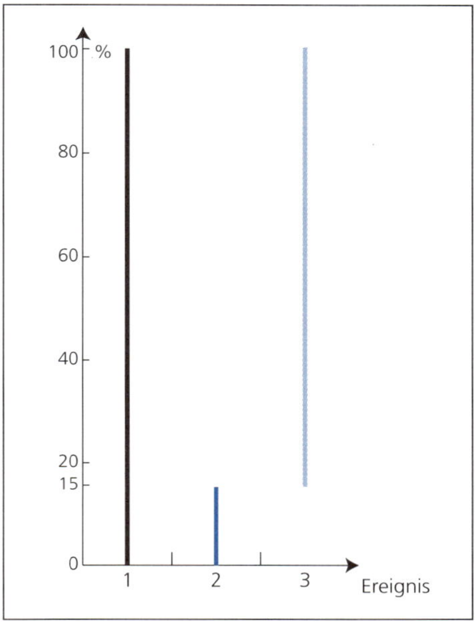

Säulendiagramm
Darstellung mit Zahlen

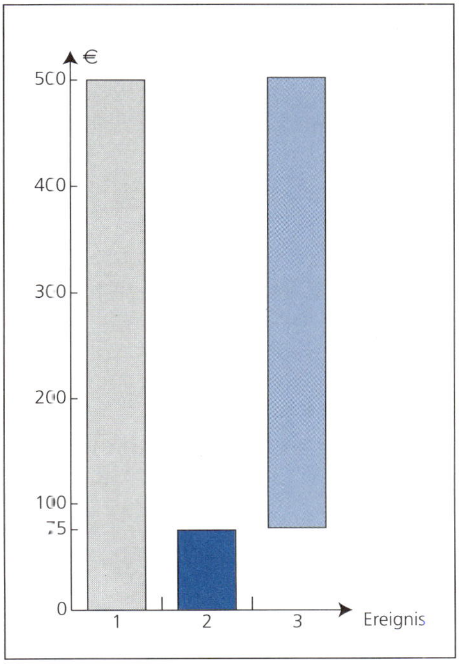

Säulendiagramm
Darstellung mit Prozenten

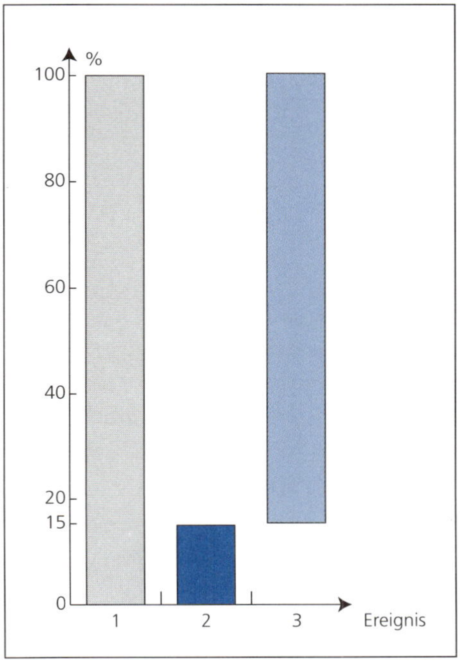

Kreis- und Rechteckdiagramm
Ist der Kreis oder das Rechteck gezeichnet, werden die geforderten Prozentsätze eingetragen. Dabei ist wichtig:
– beim Kreis: 100 % ≙ 360° oder 1 % ≙ 3,6°. Der Radius darf beliebig sein.

Kreisdiagramm
Darstellung mit Zahlen

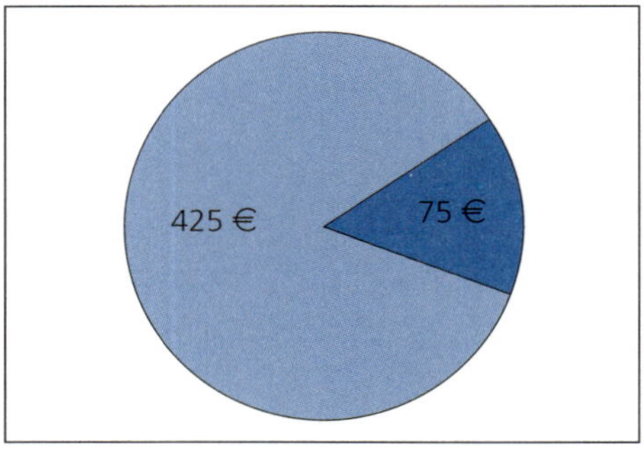

Kreisdiagramm
Darstellung mit Prozenten

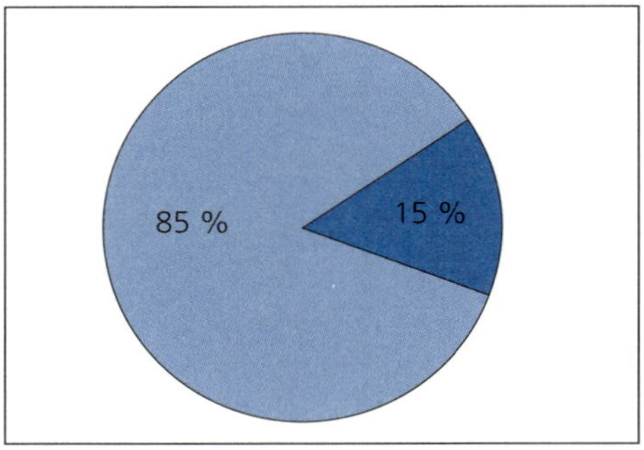

– beim Rechteck:
Die Länge wird so gewählt, dass sie gut durch 100 teilbar ist, z. B. 100 mm. Dann gilt: 100 % ≙ 100 mm oder 1 % ≙ 1 mm. Die Rechteckbreite darf beliebig sein.

Rechteckdiagramm
Darstellung mit Zahlen

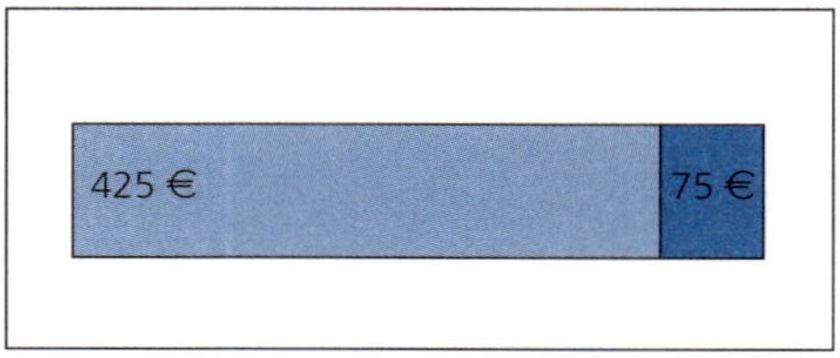

Rechteckdiagramm
Darstellung mit Prozenten

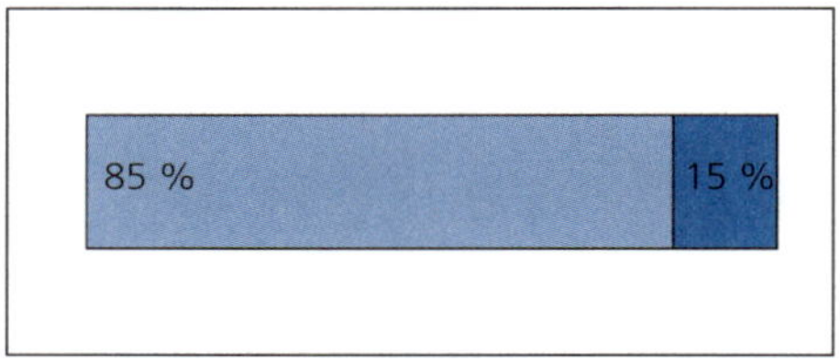

Überprüfung der Grafik

Beim **Stab-** und beim **Säulendiagramm** ist es sinnvoll, das erstellte Diagramm kritisch zu lesen und dabei die Aufgabe vom Ergebnis her nachzuvollziehen. Diese Fragen helfen dabei:
- Ist das Achsenkreuz gleichmäßig unterteilt und richtig beschriftet?
- Entspricht die Länge der Stäbe / Säulen dem jeweilgen Ereignis?
- Stellen die entsprechenden Stäbe / Säulen den Grundwert / Prozentwert / Prozentsatz richtig dar?

Beim **Kreis-** und beim **Rechteckdiagramm** ist es sinnvoll, das erstellte Diagramm kritisch zu lesen und dabei die Aufgaben vom Ergebnis her nachzuvollziehen. Diese Fragen helfen dabei:
- Beträgt die Summe der einzelnen Winkel beim Kreisdiagramm 360° ?
- Beträgt die Summe der einzelnen Längenabschnitte beim Rechteckdiagramm 100 %?

Rechenbeispiele

1. Eine Legierung besteht zu 55 % aus Kupfer, zu 25 % aus Zink und zu 20 % aus Nickel. Stelle die Prozentsätze dar in einem

a) Rechteckdiagramm von 100 mm Länge.

100% ≙ 100 mm
55% ≙ 55 mm
25% ≙ 25 mm
20% ≙ 20 mm

b) Kreisdiagramm mit r = 2,5 cm.

100 % ≙ 360°
1 % ≙ 3,6°

55 % ⟹ 3,6° · 55 = 198°
25 % ⟹ 3,6° · 25 = 90°
20 % ⟹ 3,6° · 20 = 72°

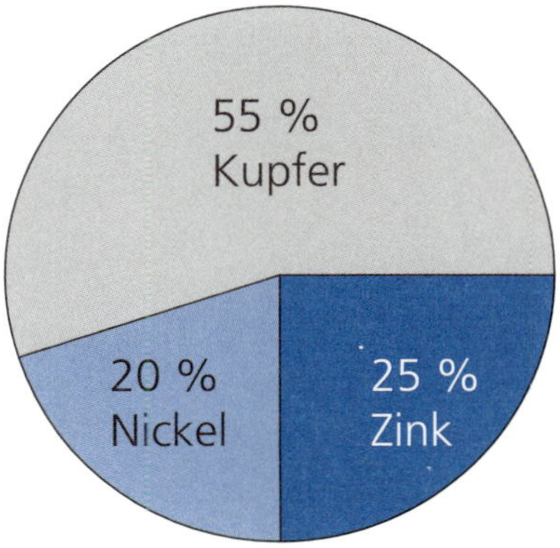

2. Die Aussteller auf einer Fachmesse kamen aus verschiedenen Ländern. 19 % kamen aus Italien, 23 % aus Österreich, 9 % aus England, 45 % aus Deutschland und 4 % aus anderen Ländern.
Stelle den Sachverhalt dar in Form eines

a) Stabdiagramms.

100%	≙	100 mm
19%	≙	19 mm
23%	≙	23 mm
9%	≙	9 mm
45%	≙	45 mm
4%	≙	4 mm

b) Säulendiagramms.

100%	≙	100 mm
19%	≙	19 mm
23%	≙	23 mm
9%	≙	9 mm
45%	≙	45 mm
4%	≙	4 mm

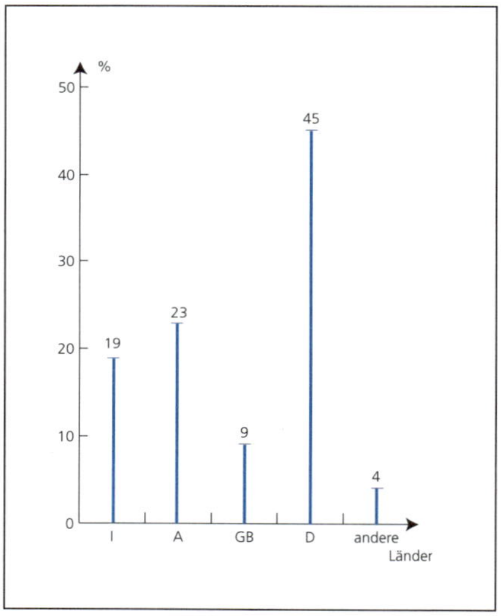

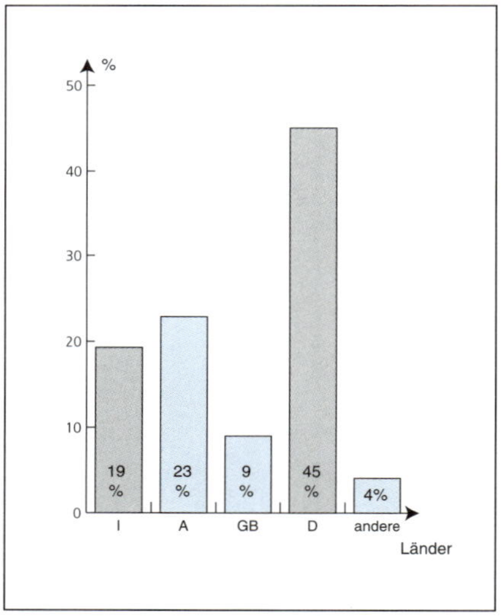

3. Herr Bauer gab seinen Nettoverdienst dem nebenstehenden Kreisdiagramm entsprechend aus. Erstelle mit gleichen Angaben ein

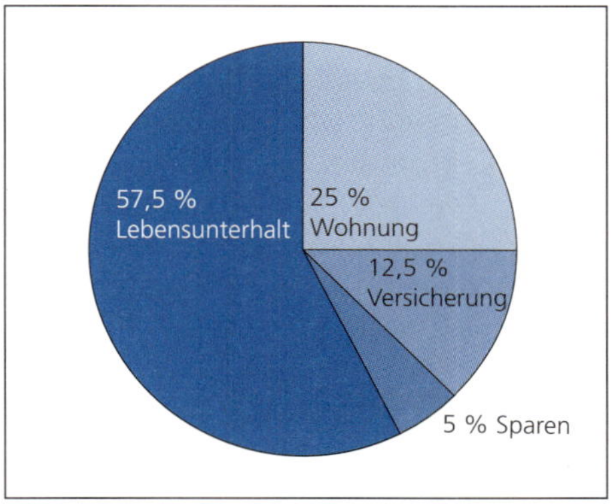

a) Stabdiagramm.

100 %	$\triangleq$	100 mm
57,5%	$\triangleq$	57,5 mm
25 %	$\triangleq$	25 mm
12,5%	$\triangleq$	12,5 mm
5 %	$\triangleq$	5 mm

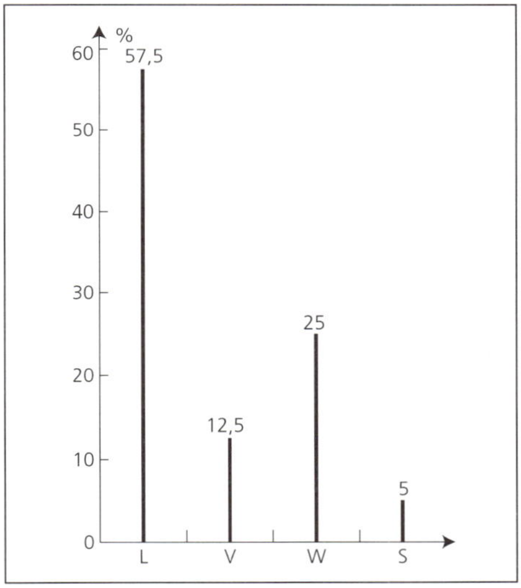

b) Rechteckdiagramm.

100 %	$\triangleq$	100 mm
57,5%	$\triangleq$	57,5 mm
25 %	$\triangleq$	25 mm
12,5%	$\triangleq$	12,5 mm
5 %	$\triangleq$	5 mm

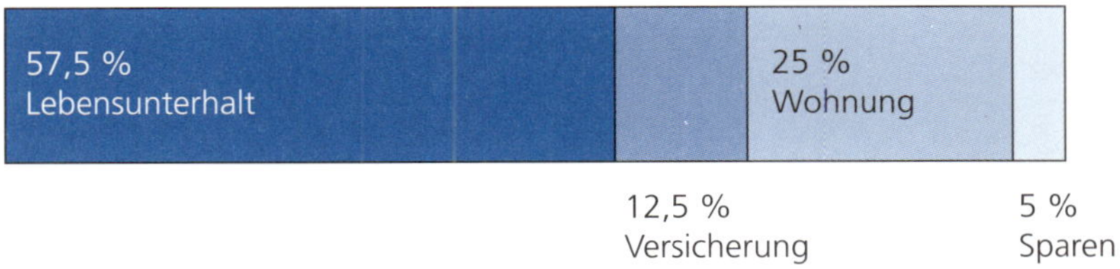

Rechenaufgaben

1. In einem Weinlokal gibt es diese Räume:
- Bürgerzimmer mit 48 Plätzen,
- Weinzimmer mit 100 Plätzen,
- Meisterzimmer mit 22 Plätzen,
- Sternzimmer mit 30 Plätzen.

a) Wie viele Plätze hat das Weinlokal?
b) Wie viel Prozent aller Plätze hat jeder Raum?
c) Stelle die Prozentsätze im Säulendiagramm dar.
d) Zeichne ein Kreisdiagramm mit den Prozentsätzen.

2. Von je 100 Privathaushalten wohnen 45 in Mietwohnungen, 39 im Eigenheim, 12 in einer Dienstwohnung und 4 in Wohnheimen.
Stelle den Sachverhalt dar in einem
a) Rechteckdiagramm.
b) Stabdiagramm.

3. Jährlich werden im Hafen von Rotterdam 185 Millionen t Güter (gerundet) umgeschlagen.
a) Ordne diese Prozentangaben der nebenstehenden Grafik zu: 7%, 8%, 12%, 20%, 53% und gib die jeweiligen Tonnen an.
b) Erstelle dann ein Kreisdiagramm.

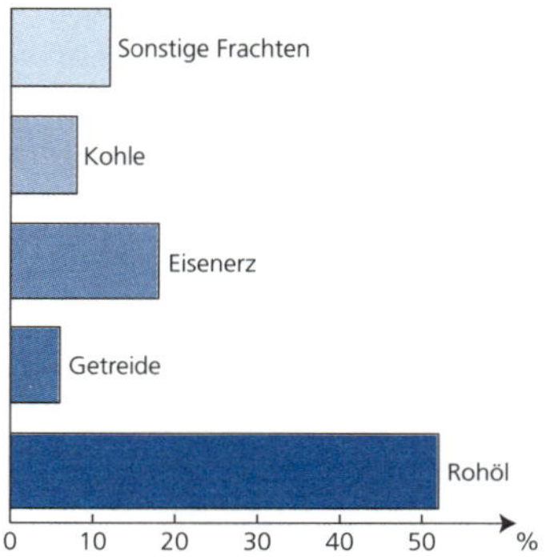

4. Bei einem Test erzielten die Schüler diese Ergebnisse:

Note 1: ~~||||~~ Note 2: |||| Note 3: ~~||||~~ ||

Note 4: ||| Note 5: || Note 6: ||||

a) Erstelle eine Tabelle nach diesem Muster und trage die absoluten Anzahlen ein.

Note	Anzahl absolut	Anzahl relativ (%)
1	5	
2		
3		
4		
5		
6		
gesamt		

b) Berechne die jeweilige relative Anzahl (Prozentsatz).
c) Stelle die Prozentsätze in einem Kreisdiagramm mit r = 3 cm dar.
d) Zeichne ein Säulendiagramm mit den Prozentsätzen.

5. Familie Kurz stehen für ihre monatlichen Ausgaben 1400,– € zur Verfügung. Dieser Betrag wird in folgende vier Bereiche aufgeteilt:

Bereiche	€	%
Wohnen	392,–	□
Nahrung und Kleidung	560,–	□
Fahrtkosten	□	□
Sonstiges und Rücklagen	□	25 %

a) Berechne die in der Tabelle fehlenden €-Beträge und Prozentsätze.
b) Erstelle ein Kreisdiagramm.

6. m Juli verließen 134 400 Jugendliche die allgemeinbildenden Schulen in Bayern.

- 38 % beendeten die Hauptschule erfolgreich.
- 23 % erreichten den Realschulabschluss.
- 17 % erlangten die Hochschulreife.
- 14 % erzielten sonstige Abschlüsse.

a) Berechne den prozentualen Anteil der Jugendlichen ohne Schulabschluss.
b) Wie viele Jugendliche blieben ohne Schulabschluss?
c) Ermittle für jede Abschlussart die Schülerzahl.
d) Stelle alle prozentualen Anteile in einem Kreisdiagramm (r = 3 cm) dar.

F Sachaufgaben mit Prozenten

Viele Aufgaben aus der Prozentrechnung enthalten kaufmännische Grundbegriffe. Diese wirken sich meist auf den Rechenweg aus, wie das Beispiel zeigt.

Musteraufgabe

Ein Kaufmann kauft eine Ware zum Einkaufspreis von 120 € ein.

Bis zum Verkauf entstehen dem Händler Kosten in Höhe von 20% des Einkaufspreises.

Diese ergeben zusammen mit dem Einkaufspreis den Selbstkostenpreis.

Schließlich möchte der Kaufmann noch einen Gewinn erzielen, der 35% des Selbstkostenpreises beträgt.

Wie hoch ist der Verkaufspreis?

Lösung

Einkaufspreis:	120,00 €
+ Kosten: 20% von 120 €=	24,00 €
= Selbstkostenpreis:	144,00 €
+ Gewinn: 35% von 144 €:	50,40 €
= Verkaufspreis:	**194,40 €**

Der Verkaufspreis beträgt 194,40 €.

Rechenaufgaben

1. In einer Zeitung wurde die wöchentliche Arbeit einer Hausfrau in einem 4-Personen-Haushalt folgendermaßen bewertet:

113 €	Kochen und Abwaschen
67,50 €	Putzen
34 €	Waschen, Bügeln, Nähen
54 €	Kinderbetreuung, Krankenpflege
74,50 €	Einkaufen, Besorgungen u. a.

a) Berechne die Prozentanteile der einzelnen Arbeitsbereiche. (Runde auf ganzzahlige Prozentsätze.)

b) Stelle den Sachverhalt in einem Kreisdiagramm mit einem Durchmesser von 10 cm dar.

2.

Frisch auf den Tisch

Pro-Kopf-Verbrauch an Obst in Deutschland im Wirtschaftsjahr 1997/98 in Kilogramm

Äpfel	16,5	Trauben	4,0
Bananen	13,0	Pfirsiche	3,5
Apfelsinen	10,3	Sonstiges Obst	47,2

a) Berechne den Gesamtverbrauch an Obst pro Kopf im Wirtschaftsjahr 1997/98 in Kilogramm.
b) Wie hoch ist der Pro-Kopf-Verbrauch an Bananen je Person in Prozent? Runde auf zwei Dezimalstellen.
c) Die vierköpfige Familie Weber verzehrt monatlich insgesamt 6,6 kg Äpfel. Um wie viel Prozent liegt sie über dem durchschnittlichen Verbrauch?
d) Stelle die Anteile am Obstverzehr auch in einem Kreisdiagramm (r = 5 cm) dar. Runde dabei auf ganze Grad.

3. Herr Werner will eine Fotoausrüstung kaufen.
Ein Versandhaus bietet einen Fotoapparat mit Zubehör zum Preis von 685 € an. Als Stammkunde erhält Herr Werner 2 % Rabatt. Für Verpackung und Transportversicherung werden zusätzlich 1,5 % des ermäßigten Preises in Rechnung gestellt. Im örtlichen Fachhandel kostet die gleiche Ausrüstung 680 € zuzüglich 15 € für das Zubehör. Der Fachhändler gewährt 3 % Nachlass.
a) Wie teuer kommt die Fotoausrüstung im Versandhandel?
b) Wie viel müsste Herr Werner beim örtlichen Fotohändler bezahlen?
c) Um wie viel Prozent bietet der Fotohändler günstiger an als der Versandhandel?
Runde alle Ergebnisse auf zwei Dezimalstellen.

4. Messing ist eine Legierung aus Kupfer und Zink. Für die Anfertigung einer Messingschale werden 1,170 kg Kupfer verwendet. Der Kupferanteil der Messinglegierung beträgt 65 %. Der Rest ist Zink.
a) Wie viel kg Zink werden dazu benötigt?
b) Wie schwer wird die Schale?

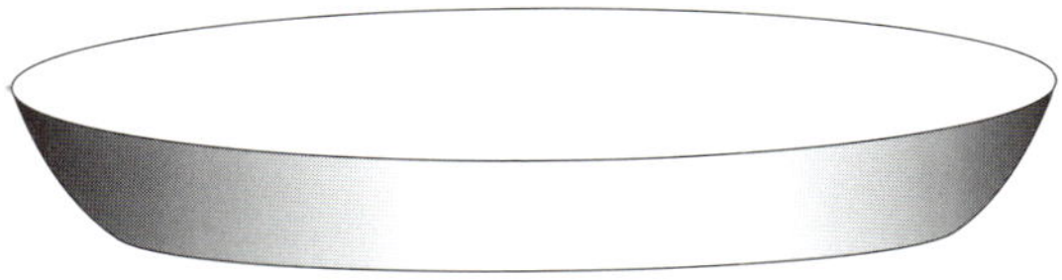

5. Für das Schuljahr 1997/98 weist die Unfallstatistik eines bayerischen Landkreises 425 Unfälle aus. Diese verteilen sich folgendermaßen:

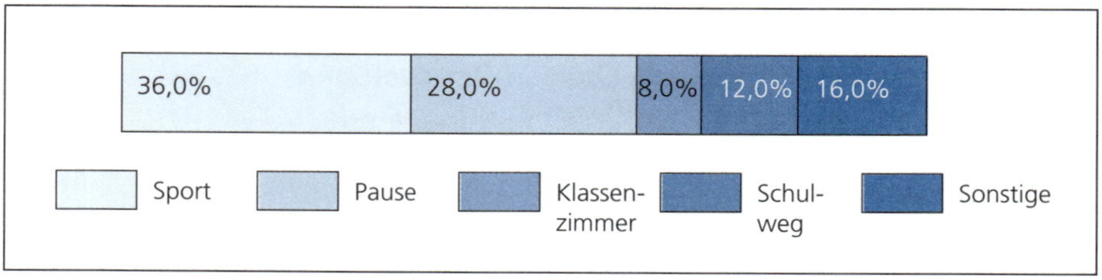

a) Stelle die Unfallverteilung in einem Kreisdiagramm (r = 5 cm) dar.
b) Berechne die jeweilige Schülerzahl.
c) Im Schuljahr 1996/97 hatten sich 457 Unfälle ereignet.
Drücke die Abnahme in Prozenten aus.
d) Die Zahl der Unfälle bezog sich im Schuljahr 1996/97 auf 6539 Schüler, im Schuljahr 1997/98 auf 6759 Schüler.
Drücke den Anteil der verletzten Schüler für jedes Schuljahr in Prozenten aus.
Runde alle vorkommenden Prozentsätze auf 2 Stellen nach dem Komma.

6. Hans möchte sich ein Fahrrad kaufen, das in einem Geschäft für 420 € ausgestellt ist. Da Hans nicht bar bezahlen kann, schlägt ihm der Händler diese Zahlungsweise vor:

Anzahlung: 33 € – 12 Monatsraten zu je 37,50 €.

a) Wie viel Aufschlag verlangt der Händler in Prozenten?
b) Im anderen Geschäft hätte Hans bei Barzahlung 3 % Rabatt erhalten. Wie viele € hätte Hans sparen können?

7. In Bayern erzeugten im Jahr 1998 die öffentlichen Elektrizitätsversorger Strom aus folgenden Energiequellen:

	Braunkohle Steinkohle	Heizöl Gas	Kern-energie	Wasser Sonstige	Gesamt
Stromerzeugung in Mio kWh	10983,63	3471,51	☐	9390,15	☐
Prozentsatz	19,3 %	☐	58,1 %	☐	100,0 %

a) Errechne die fehlenden Werte.
b) Erstelle für alle Energieträger mit den Werten der obigen Tabelle ein Kreisdiagramm (r = 5 cm).
Runde für die zeichnerische Darstellung die Winkelwerte auf ganze Zahlen.

8. Ein Getränkehändler setzt im laufenden Jahr 232199 €. um. Dieser Umsatz ist $8\frac{1}{3}$ % höher als der Vorjahresumsatz. Berechne
a) den Vorjahresumsatz in €. Runde auf €.
b) die Umsatzsteigerung in €.

9. Eine Hauptschule hat drei 9. Klassen. Die Klasse 9a besuchen 25 Schüler, die Klasse 9b besuchen 24 Schüler. Alle Fahrschüler sind in der Klasse 9c zusammengefasst. Am Qualifizierenden Abschluss nehmen teil:
Klasse 9a – 56 % der Schüler; Klasse 9b – 15 Schüler; Klasse 9c – 11 Schüler. Das sind 44 % aller Schüler der Klasse 9c.
a) Übertrage folgende Tabelle auf ein Blatt, setze die gegebenen Zahlen ein und berechne die fehlenden Werte.

Klasse	Klassenstärke	Anzahl der Teilnehmer	Teilnehmer in %
9a			
9b			
9c			

b) Das Ergebnis der Abschlussprüfung zeigte, dass von der Gesamtzahl der Prüflinge nur 2 Schüler das Prüfungsziel nicht erreicht haben.
Wie viel Prozent der Teilnehmer haben die Prüfung für den Qualifizierenden Abschluss nicht bestanden?

10. Frau Weber hat ein Auto für 16450 € gekauft.
a) Was kostet das gleiche Modell nach vier Jahren, wenn von Jahr zu Jahr je eine Preissteigerung von 1,7 % zu erwarten ist? Runde das Ergebnis auf volle €.
b) Nach ein paar Jahren erwirbt Frau Weber ein neues Auto, das 18251 € kostet. Sie kann ihren gebrauchten Pkw mit 38 % des damaligen Anschaffungspreises in Zahlung geben.
Wie viele € muss Frau Weber noch für ihren Neuwagen bezahlen?

11. Ein Heizöltank ist nur noch zu 20 % gefüllt. Wenn man 4800 l Öl nachtanken würde, wäre dieser randvoll.
a) Berechne das Fassungsvermögen des Heizöltanks.
b) Damit der Heizöltank im Sommer nicht überläuft, wird er nur zu 95 % gefüllt.
Wie viele Liter dürfen zu dem bereits vorhandenen Heizöl noch in den Tank gefüllt werden?
c) Die Rechnung für diese Nachfüllung belief sich auf 1566 € (einschließlich 16 % Mehrwertsteuer).
Zu welchem Preis (ohne Mehrwertsteuer) wurde 1 Liter Heizöl geliefert?
d) Im Vorjahr musste man für 100 Liter Heizöl 37,50 € (ohne Mehrwertsteuer) bezahlen.
Um wie viel Prozent ist der Preis für 1 Liter Heizöl innerhalb eines Jahres gefallen?

12. Verwendung des monatlichen Einkommens der Familie Müller

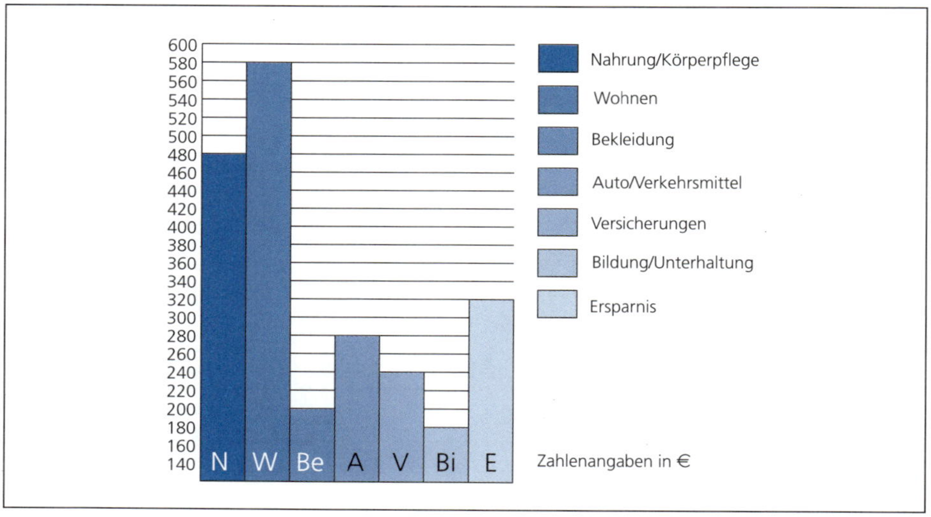

a) Wie viel Prozent des monatlichen Einkommens verbrauchte die Familie Müller insgesamt für Nahrung/Körperpflege, Wohnen und Bekleidung? Runde auf eine Dezimalstelle.
b) Die Ausgaben für Auto/Verkehrsmittel sind im Vergleich zum Vorjahr um 8 % gestiegen. Wie hoch waren sie pro Monat im Vorjahr?
c) 45 % des im laufenden Jahr gesparten Betrages verwendet die Familie Müller für ihren Urlaub. Wie teuer kommt der Urlaub?

13. Familie Ludwig möchte sich eine Einbauküche anschaffen. In einem Einrichtungshaus kosten die Küchenmöbel 3885 €, der Elektroherd zusätzlich 1005 €. Die Preise verstehen sich einschließlich 16 % Mehrwertsteuer. Bei Barzahlung gewährt der Händler 3 % Skonto (Nachlass) auf den errechneten Gesamtpreis. Die gleiche Kücheneinrichtung findet Familie Ludwig in einem Großmarkt im Angebot. Hier kostet sie mit Herd 4047 €. In diesem Preis ist die Mehrwertsteuer nicht enthalten.
a) Berechne den Barzahlungspreis im Einrichtungshaus.
b) Wie viel hat die Familie im Großmarkt für Küche und Herd zu bezahlen?
c) Um wie viel Prozent ist bei Barzahlung die Küche im Großmarkt billiger oder teurer als im Einrichtungshaus? Runde auf ganze Prozent.
d) Der Großmarkt erzielt beim Verkauf einen Gewinn in Höhe von 795,93 €, berechnet vom Preis ohne Mehrwertsteuer. Mit wie viel Prozent wurde kalkuliert? Runde auf 1 Stelle nach dem Komma.

14. Der Preis einer Filmkamera wird um 25 % gesenkt. Da sie nicht verkauft werden kann, wird sie einige Zeit später noch einmal um 2,5 % gesenkt. Sie kostet jetzt 643,50 €. Wie hoch
a) war der ursprüngliche Preis?
b) waren die jeweiligen Preissenkungen?

15. Von einer Rechnung werden 10 % Preisnachlass wegen mangelhafter Lieferung und 2 % Skonto abgezogen. Deshalb wurden nur 1297,07 € überwiesen. Wie hoch war der Rechnungsbetrag?

16. Frau Berger verdient im Monat brutto 1472,20 €. Sie zahlt 14,9 % Lohnsteuer und davon 8 % Kirchensteuer. Ihre Sozialabgaben (Kranken-, Arbeitslosen-, Renten- und Pflegeversicherung) belaufen sich auf 263,62 €. Die Krankenversicherung macht dabei 5,9 % und die Arbeitslosenversicherung 3,15 % des Bruttolohns aus.

a) Berechne die Lohnsteuer.
b) Errechne daraus die Kirchensteuer.
c) Wie hoch ist der Nettoverdienst?
d) Wie viele € betragen der Renten- und Pflegeversicherungsbeitrag?
e) Wie viel Prozent des Bruttolohns betragen Renten- und Pflegeversicherungsbeitrag?

Runde auch die Zwischenergebnisse auf 2 Stellen nach dem Komma.

17. An den Bürgermeisterwahlen beteiligten sich in einer Marktgemeinde 70% der 4800 wahlberechtigten Bürger. Wahlergebnis:

Kandidat A	1350 Stimmen
Kandidat B	750 Stimmen
Kandidat C	1100 Stimmen
ungültig	Reststimmen

a) Wie viele Bürger gingen zur Wahl?
b) Berechne die Anzahl der ungültigen Stimmen.
c) Wie viel Prozent der gültigen Stimmen entfielen auf die einzelnen Kandidaten? Runde das Ergebnis auf je eine Dezimalstelle.
d) Vor 6 Jahren waren in dieser Marktgemeinde 5100 Bürger wahlberechtigt. Davon gingen 3825 zur Wahl.
Berechne die damalige Wahlbeteiligung in Prozenten.

18. Die Gesamtschülerzahl an einer Grund- und Hauptschule beträgt 295. Die Hauptschule wird von 99 Mädchen besucht. Der Anteil der Mädchen in der Hauptschule beträgt 49,5 %.

a) Wie viele Jungen besuchen die Hauptschule?
b) Wie groß ist der Anteil der Mädchen in der Grundschule in Prozent, wenn die Grundschule von 44 Jungen besucht wird?
c) Berechne jeweils den Anteil der Jungen und Mädchen an der Gesamtschülerzahl. Runde die Prozentzahlen auf eine Dezimalstelle.

19. Ein Auszubildender plant den Kauf eines PCs. Er vergleicht zwei Preisangebote:

1. Angebot		**2. Angebot**	
Preis der einzelnen Geräte:		Preis für die komplette Anlage:	
Rechner:	525 €	Verkaufspreis:	1190,00 €
Farbmonitor:	200 €	Barzahlungspreis:	1154,30 €
Maus:	125 €		
Zusätzliches CD-Laufwerk:	550 €		
Auf diese Preise gewährt der Händler 20 % Rabatt.			

a) Berechne beim 1. Angebot den tatsächlich zu zahlenden Gesamtpreis, wenn der Rabatt berücksichtigt wird.
b) Berechne beim 2. Angebot den Preisnachlass in € und in Prozent.
c) Wie viel Prozent kann er sparen, wenn er sich für das günstigere Angebot entscheidet? Runde das Ergebnis auf 2 Dezimalstellen.

20. Die Beitragssätze für folgende Sozialversicherungen betragen für einen Arbeitnehmer:

Krankenversicherung	12,6 %	Pflegeversicherung	5,0 %
Rentenversicherung	19,7 %	Arbeitslosenversicherung	4,0 %

Die Beitragssätze werden vom Bruttolohn berechnet. Arbeitgeber und Arbeitnehmer zahlen je die Hälfte der Beiträge.
a) Herr Böse verdient jährlich 18012 € brutto. Berechne seine monatlichen Sozialversicherungsabgaben insgesamt.
b) Da er ledig ist, werden ihm jährlich 2725,50 € Lohnsteuer und 218,04 € Kirchensteuer abgezogen. Wie hoch ist sein monatlicher Nettolohn?
c) Wäre er verheiratet, müsste er jährlich 1564 € Lohnsteuer und 125,12 € Kirchensteuer bezahlen.Wie hoch wäre dann sein monatlicher Nettolohn?
d) Berechne die den beiden Lohnsteuern zugrunde liegenden Prozentsätze. Runde auf eine Dezimalstelle.

21. Eine Armbanduhr wurde zum Bezugspreis von 50 € eingekauft und zum Endpreis von 80,04 € einschließlich 16 % Mehrwertsteuer angeboten.
Wie hoch ist der Gewinn in €, wenn für Geschäftskosten 15 % des Bezugspreises veranschlagt werden?

22. Ein Gebrauchtwagenhändler kaufte einen Kleintransporter für 6000,– € und einen Personenwagen für 3300,– €.
a) Den Kleintransporter, für den keine weiteren Kosten anfielen, konnte er bereits nach 2 Tagen für 6720,– € verkaufen.
Auf wie viel Prozent vom Einkaufspreis belief sich der Gewinn des Händlers?
b) Den Personenwagen musste er zunächst für einen Preis von 795,24 € überholen lassen. Der anschließende Verkauf brachte ihm nur 5 % der entstandenen Kosten an Gewinn ein. Wie teuer konnte er ihn verkaufen?
c) Welchen Gesamtgewinn in € und in Prozent vom Selbstkostenpreis hat der Händler erzielt?

23. In einer Statistik werden Unfälle im Schulbereich folgendermaßen wieder gegeben:

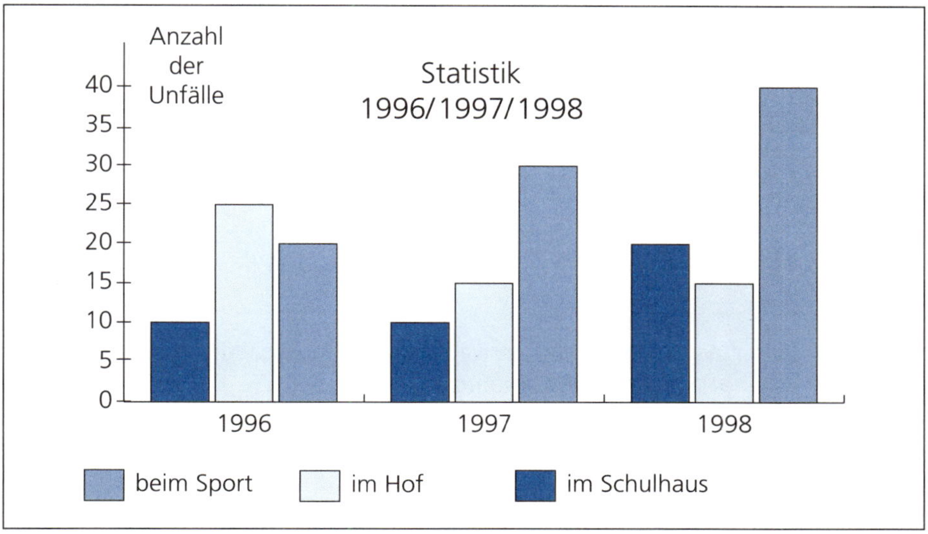

a) Vergleiche die Sportunfälle des Jahres 1997 mit denen von 1998. Gib ihre Anzahl im kleinstmöglichen ganzzahligen Verhältnis an.
b) In welchem Verhältnis standen 1997 die Unfälle im Schulhof zu den Sportunfällen?
Kürze auch hier auf das kleinstmögliche ganzzahlige Verhältnis.
c) Erstelle für das Jahr 1996 ein Kreisdiagramm (r = 5 cm) mit den drei Unfallarten und beschrifte es.

24. Eine Firma bezieht aus Italien Südfrüchte im Wert von 25500 €. Dazu kommen 7 % des Bezugspreises als Geschäftskosten. Es können drei Fünftel der Lieferung mit 29 % Gewinn und ein Drittel mit 18 % Gewinn verkauft werden. Der Rest muss mit 6 % Verlust abgesetzt werden.
a) Wie viele € beträgt der Selbstkostenpreis?
b) Wie hoch ist der Reingewinn in €?
c) Gib den Reingewinn in Prozenten an.

25. Renate bekommt im 2. Ausbildungsjahr monatlich 332,50 € brutto. Damit verdient sie um 12 % mehr als im 1. Jahr. Weil das Bruttoeinkommen nun über 309,99 € liegt, muss sie erstmals Lohn- und Kirchensteuer sowie Sozialversicherungsbeiträge entrichten.
Die Höhe der Lohnsteuer kann aus der Tabelle entnommen werden. Die Kirchensteuer beträgt 8 % der Lohnsteuer. 34,5 % sind derzeit die Sozialversicherungsbeiträge; davon übernimmt der Arbeitgeber die Hälfte.

Auszug aus der Lohnsteuertabelle 1998/99 Steuerklasse I für Ledige:

Monatslohn in € bis	309,99	313,49	315,74	317,99	320,24	322,49
Lohnsteuer in €	0,00	0,50	1,00	1,50	1,95	2,45
Monatslohn in € bis	326,99	329,24	331,49	333,74	338,24	340,49
Lohnsteuer in €	2,95	3,45	3,95	4,45	4,95	5,45

a) Berechne den monatlichen Nettolohn im 2. Ausbildungsjahr.
b) Wie hoch war der Nettomonatslohn im 1. Jahr?
c) Um wie viel Prozent hat sich der Nettolohn vom 1. zum 2. Ausbildungsjahr tatsächlich verändert? Runde auf eine Dezimalstelle.

26. Klaus vergleicht die Angebote für ein Rennrad:

Angebot A	Barzahlung nach Abzug von 3 % Skonto:	679,– €
Angebot B	Anzahlung + 12 Monatsraten à	150,– € 49,– €

a) Wie viele € spart Klaus beim Angebot A durch Abzug von 3 % Skonto?
b) Um wie viel ist das Angebot B teurer als der Barzahlungspreis? Berechne in € und in Prozent.

27.

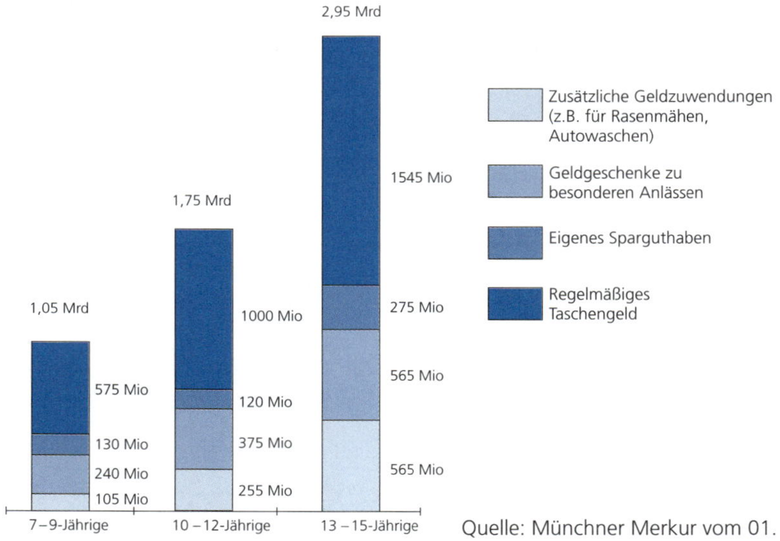

Quelle: Münchner Merkur vom 01. 10. 96

Nach einer Hochrechnung des Instituts für Jugendforschung in München verfügen die Sieben- bis Neunjährigen über ein Vermögen von 1,05 Mrd. €.

a) Wie viele Milliarden € beträgt das Vermögen der 10 – 12-Jährigen?
b) Stelle die Zusammensetzung des Vermögens der 10 – 12-Jährigen in einem Kreisdiagramm (r = 5 cm) dar.
c) Um wie viel Prozent übersteigt das Vermögen der 13 – 15-Jährigen das Vermögen der 7 – 9-Jährigen?

28. Ein Elektrogroßhändler erhält eine Lieferung von 75 Kassettenrekordern zum Einkaufspreis von 13 500,– €. Er rechnet mit 16 % Geschäftskosten und möchte 15 % Gewinn erzielen.

a) Berechne den Verkaufspreis für ein Gerät.
b) Nach einem Jahr hat er einen Teil der Rekorder verkauft. Da in der Zwischenzeit ein neues Modell auf dem Markt ist, gibt er den Restbestand zu einem verbilligten Stückpreis von 199,– € ab. Welcher Verlust in € entsteht dem Händler beim Verkauf eines Gerätes des Restbestandes?
c) Um wie viel Prozent wurde ein Gerät für den Käufer billiger?

29. Ein Sanitärhändler bezieht vom Großhandel Badewannen zum Einkaufspreis von je 800,– €. Er rechnet mit 8 % Geschäfstkosten und kalkuliert einen Gewinn von 40 %. Die Mehrwertsteuer beträgt 16 %.

a) Berechne den Endpreis für eine Badewanne.
b) Eine Badewanne bietet der Händler wegen eines Schönheitsfehlers für 1000,– € inklusive 16 % Mehrwertsteuer an. Welchen Gewinn erzielt er in diesem Fall? Runde auf zwei Dezimalstellen.

30. Einer Information des Bundesumweltministeriums ist der durchschnittliche Wasserverbrauch im Haushalt pro Kopf und Tag zu entnehmen:

Toilettenspülung	35,0 Liter	Körperpflege	27,5 Liter
Geschirrspülen	17,5 Liter	Baden/Duschen	85,0 Liter
Wäschewaschen/ Raumreinigung	50,0 Liter	Trinken/Kochen	6,0 Liter
		Sonstiges	11,5 Liter

a) Wie viele Liter Wasser verbraucht eine Person insgesamt an einem Tag?
b) Die vierköpfige Familie Schwarz benötigt zum Geschirrspülen 49 Liter pro Tag. Um wie viel Prozent liegt das unter dem durchschnittlichen Verbrauch?
c) Stefanie Schwarz gelingt es, ihren Wasserverbrauch im Bereich Baden/Duschen 20 % unter dem Durchschnitt zu halten.
Wie viele Liter Wasser verbraucht sie in einer Woche beim Baden/Duschen?
d) In einem Jahr verbrauchte Familie Schwarz 150 m³ Wasser. Sie bezahlte 417,28 € einschließlich 7 % Mehrwertsteuer.
Was kostet 1 m³ Wasser ohne Mehrwertsteuer?

31. Eine 9. Klasse mit 25 Schülern plant ihre Abschlussfahrt. Für den gewünschten Zielort liegen zwei Angebote vor

Angebot 1	**Angebot 2**
Die Deutsche Bahn AG verlangt für die 4-Tages-Fahrt (Bahnfahrt, 3 Übernachtungen, Halbpension) pro Teilnehmer 180 €. Die Bahn gewährt 2 Freikarten. Diese sollen als Ermäßigung auf alle Schüler verteilt werden.	Ein örtlicher Busunternehmer macht der Klasse folgendes Angebot: Busfahrt 2450 € 3 Übernachtungen mit Halbpension pro Schüler 90 € Bei Annahme dieses Angebots innerhalb von 4 Wochen gewährt der Busunternehmer einen Rabatt von 5 % auf den Gesamtpreis.

a) Wie viel muss jeder Schüler beim Angebot der Bahn tatsächlich bezahlen?
b) Welchen Betrag muss jeder Schüler beim Angebot des Busunternehmers aufbringen, wenn das Angebot innerhalb von 4 Wochen angenommen wird?
c) Um welchen Prozentsatz liegt in diesem Fall das Angebot der Bahn über oder unter dem des Busunternehmers?
Runde auf eine Dezimalstelle.

32. Der monatliche Nettolohn eines ledigen Angestellten beträgt 828,20 €. Das sind 50,5 % seines Bruttoverdienstes. Für die Lohnsteuer werden 21 % vom Bruttolohn abgezogen. Als Kirchensteuer sind 8 % der Lohnsteuer zu entrichten. Für die Sozialversicherungen werden insgesamt 435,82 € abgeführt.
a) Berechne den Bruttolohn.
b) Wie viele € werden für die Lohnsteuer abgezogen?
c) Wie hoch ist der Betrag für die Kirchensteuer?
d) Wie viel Prozent des Bruttolohns entfallen auf die Sozialversicherungen?

33. Die Tabelle zeigt die Übersicht über die Zahl der teilnehmenden Mannschaften am Bundeswettbewerb der Schulen „Jugend trainiert für Olympia“ in Bayern.

Sportart	1996/97	1997/98	1998/99
Fußball	☐	2301	2250
Hallenhandball	1486	☐	1316
Volleyball	1183	1111	☐
Basketball	1080	☐	1299

a) Berechne die fehlenden Werte auf deinem Arbeitsblatt.
Folgende Angaben helfen dir dabei:
- 1997/98 ist die Zahl der Teilnehmer in der Sportart Fußball um 0,4 % im Vergleich zum Vorjahr zurückgegangen.
  Runde auf eine ganze Zahl.
- Bei der Teilnahme an den Wettkämpfen für Hallenhandball war 1998/99 ein Rückgang von 6 % gegenüber dem Vorjahr zu verzeichnen.
- Im Vergleich zu 1997/98 nahm die Zahl der Volleyballmannschaften 1998/99 um 91 Mannschaften zu.
- Die Anzahl der Basketballmannschaften nahm 1997/98 gegenüber dem Vorjahr um 12,5 % zu.

b) Gib an, um wie viel Prozent die Teilnehmerzahl von 1997/98 auf 1998/99 in der Sportart Volleyball zugenommen hat.

c) Erstelle für das Jahr 1998/99 ein Kreisdiagramm (r = 5 cm). Gib die Winkel auf ganze Grad gerundet an.

34. Durchschnittlicher monatlicher Bruttolohn eines Arbeiters.

Jahr	1960	1970	1980	1990	1992	1993
€	205,50	467,87	1059,41	1553,44	1740,40	□

a) Berechne die Lohnsteigerung zwischen 1960 und 1970 in Prozent. Runde auf eine Dezimalstelle.

b) Im Jahr 1993 gab es gegenüber dem Vorjahr eine durchschnittliche Lohnsteigerung von 4,3 %. Berechne den durchschnittlichen monatlichen Bruttolohn für das Jahr 1993. Runde auf zwei Dezimalstellen.

c) Im Jahr 1992 verdiente Fritz monatlich 1615,40 €. Um wie viel Prozent lag sein Lohn unter dem Durchschnitt? Runde auf eine Dezimalstelle.

d) Stelle die Durchschnitts-Bruttolöhne von 1960 bis 1992 in einem Säulendiagramm dar. Runde dabei auf volle Hunderter.
Benutze als Einteilung für die Achse: 0,5 cm ≙ 100 €.

35. Eine Firma stellt Bleistiftspitzer her. Ein Spitzer wiegt 12 Gramm. 100 Spitzer werden in eine Schachtel gepackt, deren Eigengewicht 200 Gramm beträgt.

a) Berechne das Gesamtgewicht einer vollen Schachtel.

b) Gib den Anteil der Verpackung (Tara) am Gesamtgewicht in Prozenten an.

c) 36 gefüllte Schachteln kommen in einen Karton, dessen Eigengewicht dann 3 % seines Inhalts entspricht. Wie schwer ist ein leerer Karton?

d) Berechne das Bruttogewicht eines gefüllten Kartons.

e) 15 Kartons werden auf eine Holzpalette gestellt und in eine Folie eingeschweißt. Diese Verpackung erhöht das Gesamtgewicht um 6 %. Berechne das Gesamtgewicht einer beladenen Palette.

36. Familie Meier möchte sich eine neue Stereoanlage kaufen. Im Geschäft A sieht Herr Meier Einzelelemente, die man zu einer Anlage kombinieren kann:

Plattenspieler	129,– €	Tuner	175,– €
Verstärker	199,– €	Cassettendeck	189,– €
Lautsprecherboxen (2 Stück)	149,– €	CD-Player	175,– €

Preise ohne Mehrwertsteuer!

Da es sich um ein Auslaufmodell handelt, gewährt das Geschäft für die gesamte Anlage einen Rabatt von 25 %.

a) Berechne den Rabatt in €.
b) Berechne den Verkaufspreis (ohne Mehwertsteuer).
c) Berechne den Endpreis (Verbraucherpreis) bei 16 % Mehrwertsteuer.
d) Das Geschäft B bietet eine komplette Stereoanlage, die aus den gleichen Elementen besteht, für 865,– € (inklusive Mehrwertsteuer) an. Herr Maier bekäme 3 % Skonto bei Barzahlung.
Berechne den Preisunterschied zwischen Angebot A und B.

37. Steuertabelle:

jährliches Bruttoeinkommen	Steuersatz für Lohnsteuer
•	•
•	•
ab 25200 €	17,0 %
ab 25800 €	17,5 %
ab 26400 €	18,0 %
•	•

Im vergangenen Jahr verdiente Herr Heisinger 26160 € brutto. Er hatte monatliche Abzüge:

- Lohnsteuer: siehe Steuertabelle
- Kirchensteuer: 8 % von der Lohnsteuer
- Solidaritätszuschlag: 7,5 % von der Lohnsteuer
- Sozialversicherungsbeiträge: 435 €

a) Berechne den durchschnittlichen monatlichen Nettolohn.
b) Zum neuen Jahr erhielt Herr Heisinger eine Lohnerhöhung von 1,7 %. Welcher Betrag wird ihm nun als Lohnsteuer, welcher als Solidaritätszuschlag abgezogen?

38. Franz arbeitet als Kfz-Mechaniker. Auf seiner letzten Lohnabrechnung sind durch ein Missgeschick einige wichtige Eintragungen unleserlich geworden.

Monat	Arbeitsstunden	Überstunden	Bruttolohn (€)	Krankenversicherung (6 %)	Rentenversicherung ([redacted] %)
April	160	+4	1361,25	81,68 €	[redacted] €

Arbeitslosenversicherung (2,2 %)	Lohnsteuer	Kirchensteuer	Abzüge insgesamt	Nettolohn
29,95 €	190,58 €	17,16 €	444,59 €	[redacted] €

a) Welcher Nettolohn wird auf das Konto von Franz überwiesen?
b) Wird der Beitrag zur Krankenversicherung vom Brutto- oder vom Nettolohn berechnet? Belege deine Antwort durch eine Rechnung.
c) Wie hoch ist der Beitrag für die Rentenversicherung in €?
d) Welcher Beitragssatz in Prozent des Bruttolohns muss für die Rentenversicherung entrichtet werden?
e) Für eine Überstunde wird ein Zuschlag von 25 % des Stundenlohns gezahlt. Berechne die Höhe des Bruttolohns für eine „normale" Arbeitsstunde.

39. Ein Elektrogroßmarkt erhält 300 CD-Player zum Bezugspreis von 54000,– €.
a) Berechne den Verkaufspreis ohne Mehrwertsteuer für ein Gerät, wenn mit 15 % allgemeinen Geschäftskosten und 25 % Gewinn kalkuliert wird.
b) Nach dem Verkauf von vier Fünftel der Geräte wird der Restbestand zu einem Stückpreis von 157,– € abgegeben.
Wie viele € werden dadurch weniger eingenommen?

40. Michael möchte sich einen Computer kaufen, der 735 € kostet. Als Auszubildender verdient er nicht genug, um den Computer bar bezahlen zu können. Er kann zwischen zwei Möglichkeiten der Finanzierung wählen:
a) Ein Händler verlangt eine Anzahlung von 92,75 € und 12 Monatsraten zu je 57,50 €.
Wie viel Prozent Aufschlag verlangt der Händler?
b) Michaels Bank bietet ihm eine Finanzierung an. Bei der dadurch möglichen Barzahlung räumt ihm der Händler 2 % Skonto ein.
An die Bank müsste er 52,25 € Zinsen zahlen.
Wie teuer kommt der Computerkauf mit Bankfinanzierung?
c) Berechne den Unterschiedsbetrag der beiden Finanzierungsmöglichkeiten.

G Promillerechnung

Musteraufgabe

Herr Bein sagt:

Meine Lebensversicherung verlangt ... €.

Herr Abs sagt:

Aber ich zahle für meine Lebensversicherung nur ...‰.

Herr Bein sagt in einem Gespräch mit Herrn Abs:
„Meine Lebensversicherung kostet im Monat 32,25 € bei einer Versicherungssumme von 86 000 €."
Darauf erwidert Herr Abs:
„Ich zahle nur eine Jahresprämie von 4,8‰, das entspricht 412,80 € und damit ist meine Lebensversicherung billiger!"

a) Wie viel Promille der Versicherungssumme zahlt Herr Bein als Jahresbeitrag?

b) Wie hoch ist die Versicherungssumme in € von Herrn Abs?

c) Berechne den jährlichen Beitragsunterschied in €.

d) Berechne den jährlichen Beitragsunterschied in ‰.

Überlegungen zur Aufgabe

- Herr Bein nennt den Monatsbeitrag in € und die Versicherungssumme in €. Herr Abs nennt die Jahresprämie in ‰ und in €.
- Da nur Gleiches mit Gleichem verglichen werden kann, müssen die Versicherungssummen in € und der Monats-/Jahresbeitrag in € oder ‰ miteinander verglichen werden.
- Der Vergleich erfolgt in ‰ und nicht in %, da der Prozentwert im Vergleich zum Grundwert sehr klein ist. So vermeidet man Kommastellen und erhält ein einprägsames Ergebnis.
- Beträgt beim Prozentrechnen die Vergleichszahl 100 und ist das entsprechende Zeichen %, so beträgt beim Promillerechnen die Vergleichszahl 1000 und das entsprechende Zeichen ist ‰.
- An der Rechenmethode ändert sich beim Promillerechnen gegenüber dem Prozentrechnen nichts.

Lösung

Bei der rechnerischen Lösung wird so vorgegangen wie bei der Prozentrechnung, wobei die Prozentzahl 100 durch die Promillezahl 1000 und das Prozentzeichen % durch das Promillezeichen ‰ ersetzt wird.

a) gegeben:
Versicherungssumme,
Monatsbeitrag in €
gesucht:
Jahresbeitrag in Promille

$$32{,}25\ € \cdot 12 = 387{,}00\ \frac{€}{\text{Jahr}}$$

$$86\,000\ € \triangleq 1000‰$$
$$387\ € \triangleq x\ ‰$$
$$x \cdot 86\,000 = 387 \cdot 1000$$
$$x = \frac{387 \cdot 1000}{86\,000}$$
$$x = 4{,}5‰$$

Der Versicherungsbeitrag ist 4,5‰.

b) gegeben:
Jahresprämie in ‰,
Jahresprämie in €
gesucht:
Versicherungssumme in €

$$4{,}8‰ \triangleq 412{,}8\ €$$
$$1000‰ \triangleq x\ €$$
$$x \cdot 4{,}8 = 1000 \cdot 412{,}80$$
$$x = \frac{1000 \cdot 412{,}80}{4{,}8}$$
$$x = 86\,000\ €$$

Die Versicherungssumme ist 86 000 €.

c) gegeben:
Jahresbeitrag A und B, je in €
gesucht:
Unterschiede der Jahresbeiträge in €

Jahresbeitrag A	412,80 €
– Jahresbeitrag B	– 387,00 €
Unterschied	25,80 €

Der Unterschied beträgt 25,80 €.

d) gegeben:
Jahresbeitrag A und B, je in ‰
gesucht:
Unterschiede der Jahresbeiträge in ‰

Jahresbeitrag A	4,8‰
– Jahresbeitrag B	–4,5‰
Unterschied	0,3‰

Der Unterschied beträgt 0,3‰.

Rechenbeispiele

1. Ein Kunde gibt der Bank den Auftrag, Wertpapiere in Höhe von 142 000 € zu kaufen. Als Bearbeitungsgebühr verlangt die Bank 1,75‰.
Wie viele € sind das?

Lösung
gegeben: Gesamtwert in €,
Gebühr in ‰
gesucht: Gebühr in €

$1000 ‰ \triangleq 142\,000 €$
$1{,}75 ‰ \triangleq x \; €$
$x \cdot 1000 = 1{,}75 \cdot 142\,000$

$$x = \frac{1{,}75 \cdot 142\,000}{1000}$$

$x = 248{,}50 €$

Die Bearbeitungsgebühr beträgt 248,50 €.

2. Frau Müller versichert ihren Goldschmuck zu 3‰ gegen Diebstahl. Jährlich zahlt sie dafür 31,20 € an die Versicherung.
Wie viel ist der Schmuck wert?

Lösung
gegeben: Jahresbeitrag in €,
Jahresbeitrag in ‰
gesucht: Gesamtwert in €

$3 ‰ \triangleq 31{,}20 €$
$1000 ‰ \triangleq x \; €$
$x \cdot 3 = 1000 \cdot 31{,}20$

$$x = \frac{1000 \cdot 31{,}20}{3}$$

$x = 10\,400 €$

Der Schmuck ist 10400 € wert.

3. Eine Firma erhöht ihre Vermittlungsgebühren. Bisher wurden für die Vermittlung 2‰ verlangt. In Zukunft soll der Kunde für eine Vermittlung in Höhe von 25000 € eine Gebühr in Höhe von 56,25 € bezahlen.

a) Wie viele € fallen derzeit noch für die Vermittlung von 25000 € an?

Lösung:
gegeben: bisherige Gebühr in ‰,
Betrag in €
gesucht: bisherige Gebühr in €

$1000 ‰ \triangleq 25\,000 €$
$2 ‰ \triangleq x \; €$
$x \cdot 1000 = 2 \cdot 25\,000$

$$x = \frac{2 \cdot 25\,000}{1000}$$

$x = 50 €$

Jetzige Gebühr ist 50 €.

b) Wie viel ‰ werden künftig für Vermittlungen verlangt?

Lösung
gegeben: künftige Gebühr in €,
Betrag in €
gesucht: künftige Vermittlungsgebühr in ‰

$25\,000{,}00 € \triangleq 1000 ‰$
$56{,}25 € \triangleq x \; ‰$
$x \cdot 25\,000 = 56{,}25 \cdot 1000$

$$x = \frac{56{,}25 \cdot 1000}{25\,000}$$

$x = 2{,}25 ‰$

Die künftige Gebühr ist 2,25‰.

Rechenaufgaben

1. Berechne die fehlenden Werte. Zeige dabei den Lösungsweg auf.

	a)	b)	c)
Grundwert	24800 €	□	4750 €
Promillesatz	$8\frac{1}{8}$ ‰	5 ‰	□
Promillewert	□	43,34 €	42,75 €

2. Ein Makler verkauft im Auftrag eines Kunden ein Grundstück im Wert von 78 500 €. Der Verkäufer erhält nur 77 730,70 €.
Berechne die Provision des Maklers in € und ‰.

3. Welche Versicherung hat die günstigeren Bedingungen?
Versicherung A: Bei einer Abschlusssumme von 110 000 € muss der Kunde halbjährlich 192,50 € bezahlen.
Versicherung B: Bei einer Abschlusssumme von 175 000 € muss der Kunde vierteljährlich 150 € bezahlen.

4. Herr Huber schließt für seine Eigentumswohnung eine Hausratsversicherung über 104 000 € und eine Feuerversicherung über 42 000 € ab. Für die Feuerversicherung sind jährlich 2,2 ‰ Versicherungsbeitrag zu bezahlen. Der Betrag für beide Versicherungen beträgt halbjährlich insgesamt 184 €.
Berechne den Promillesatz des Jahresbeitrages für die Hausratsversicherung.

5. Schreiner Holzmann bezog in diesem Jahr sein neues Wohnhaus und die daneben liegende Schreinerei. Das zuständige Landratsamt berechnete 2232,– € Gebühren für die Baugenehmigung, dies waren 4 ‰ der errechneten Baukosten.

a) Wie hoch waren die errechneten Baukosten?

b) Durch Preissteigerungen erhöhten sich die Baukosten um 5 Prozent.
Wie teuer kam der Bau jetzt?

c) Auf den Bau des Wohnhauses entfielen zwei Drittel der tatsächlichen Baukosten, der Rest auf den Bau der Schreinerei. Das Brandversicherungsamt erhebt nun folgende jährliche Beträge aus den jeweiligen tatsächlichen Baukosten: 1,5 ‰ für das Wohngebäude und 9 ‰ für die Schreinerei.
Berechne den gesamten jährlichen Brandversicherungsbeitrag.

6. Der Inhaber eines Kfz-Betriebs schließt eine Feuerversicherung ab. Er versichert das Mobiliar seines Hauses mit 240 000 €, die Werkstatteinrichtung mit 300 000 € und die zur Reparatur hinterstellten Kraftfahrzeuge mit 560 000 €.
Dafür werden folgende Prämien berechnet:

– Mobiliar des Hauses $\frac{3}{4}$ ‰ – Kraftwagen $1\frac{7}{8}$ ‰
– Werkstatt $3\frac{1}{5}$ ‰ – Ausfertigungsgebühr 80 €
– Versicherungssteuer 5 % von der Summe der Prämie.

Wie hoch ist der im ersten Versicherungsjahr zu zahlende Gesamtbetrag?

7. Herr Walde schließt eine Lebensversicherung über 30 000 € ab und zahlt für eine Laufzeit von 25 Jahren monatlich 96 €.

a) Wie viele Promille der Versicherungssumme beträgt der jährliche Beitrag?

b) Als Rückvergütung erhält Herr Walde im ersten Jahr 16 ‰ der Versicherungssumme. Wie hoch ist der Betrag?

c) Für seine Hausratsversicherung zahlt er bei 1,75 ‰ Prämie vierteljählrlich 87,50 €. Berechne die Höhe der Versicherungssumme.

8. Beim An- oder Verkauf von Wertpapieren steht dem Börsenmakler eine Provision von 1,2 ‰ des Kurswertes der gehandelten Wertpapiere zu.

a) Berechne die Maklerprovision beim Kauf von 150 Aktien zum Kurswert von je 434 €.

b) Bei einem anderen Geschäft konnte der Makler 74,64 € an Provision erzielen. Wie hoch war der Kurswert einer Aktie, wenn 200 Stück bei ihm gekauft wurden?

c) Wie viele Aktien konnte er vermitteln, wenn der Kurswert einer Aktie bei 890 € lag und eine Provision von 26,70 € fällig wurde?

9. Eine Versicherungsgesellschaft wirbt für ihre Lebensversicherung:

> **Lebensversicherung für 99 €**
>
> **Für nur 99 € monatlich bieten wir Ihnen, wenn Sie gerade 30 Jahre alt sind, eine Lebensversicherung in Höhe von 60000 € Versicherungssumme an. Laufzeit 30 Jahre.**
>
> **Im Alter von 60 Jahren erhalten Sie von uns 118580 €.**

a) Berechne den Promillesatz der Jahresprämie auf der Grundlage der Versicherungssumme.

b) Wie viel würde der Versicherungsnehmer für die Laufzeit von 30 Jahren insgesamt an Versicherung zahlen?

c) Wie hoch ist sein Gewinn, wenn er die Rückzahlung erhält? Gib den Gewinn in € an.

10. Herr Müller will für seine 80 m^2 große Wohnung eine Hausratsversicherung abschließen. Die Höhe der Versicherungssumme soll 1000 € pro Quadratmeter betragen. Von zwei verschiedenen Versicherungen, welche im Schadensfall die gleiche Leistung zugestehen, hat Herr Müller Angebote eingeholt:

- Versicherung A berechnet als Jahresprämie 1,15 ‰ der Versicherungssumme. Dazu kommen als Versicherungssteuer noch 5 % der Prämie.
- Versicherung B berechnet einen Jahresbeitrag von 159,60 €, der sich zusammensetzt aus der Jahresprämie und der Versicherungssteuer von 7,60 €.

a) Berechne die Versicherungssumme und den Gesamtbeitrag, den Herr Müller bei Versicherung A zu zahlen hätte.

b) Wie hoch ist die Jahresprämie bei Versicherung B?
c) Welcher Promillesatz ist der Jahresprämie der Versicherung B zugrunde gelegt?
d) Wie viele € spart Herr Müller beim günstigeren Angebot?

11. Ein Maklerbüro vermittelt Herrn Meier ein Haus zum Kaufpreis von 112 500,– € und verlangt sowohl von Herrn Meier als auch vom Verkäufer Maklergebühren.
a) Der Verkäufer zahlt 3150,– € für die Vermittlung.
Wie viele Promille sind das?
b) Mit Herrn Meier wurde eine Vermittlungsgebühr von 25‰ des Kaufpreises vereinbart. Wie viele € muss Herr Meier für Haus und Vermittlung bezahlen?
c) Herr Meier bezahlt für die Wohngebäudeversicherung jährlich 88,– €; das sind 0,8‰ der Versicherungssumme.
Berechne die Höhe der Versicherungssumme.

12. Herr Amann schließt für sein Geschäft und für seinen Haushalt jeweils eine eigene Versicherung ab. Seinen Hausrat versichert er mit 120 000 €. Dafür zahlt er eine Versicherungsprämie in Höhe von $1\frac{3}{4}$ ‰.
Das Geschäft ist mit 165 000,– € versichert. Die Prämie für diese Versicherung beträgt im Vierteljahr 132,– €.
a) Berechne die Jahresprämie der Geschäftsversicherung. Gib auch den Promillesatz an.
b) Welche Prämie hat Herr Amann jährlich für seine Hausratversicherung zu leisten?
c) Nach zwölf Jahren meldet Herr Amann einen Schadensfall. Von der Versicherung bekommt er 7200,– € ausbezahlt.
Berechne die in 12 Jahren für die Hausratversicherung geleistete Prämienzahlung.
d) Wie viel Prozent der Entschädigungssumme hat Herr Amann damit selbst aufgebracht?
e) Um wie viele € muss die Hausratversicherung mehr bezahlen, als sie in 12 Jahren eingenommen hat?

13. Eine Zimmerei soll gegen Brand versichert werden.
a) Die Jahresprämie bei Versicherung A beträgt 12 750,– €. Das sind 8,5‰.
Wie hoch ist die Versicherungssumme?
b) Versicherung B verlangt bei einer Versicherungssumme von 1 600 000,– € einen Prämiensatz von 9‰. Berechne die Jahresprämie.
c) Auf die Prämien sind zuzüglich 10 % Versicherungssteuer zu entrichten.
Berechne die vierteljährlichen Zahlungen an Versicherung A und B.

H Zinsrechnung

Musteraufgabe

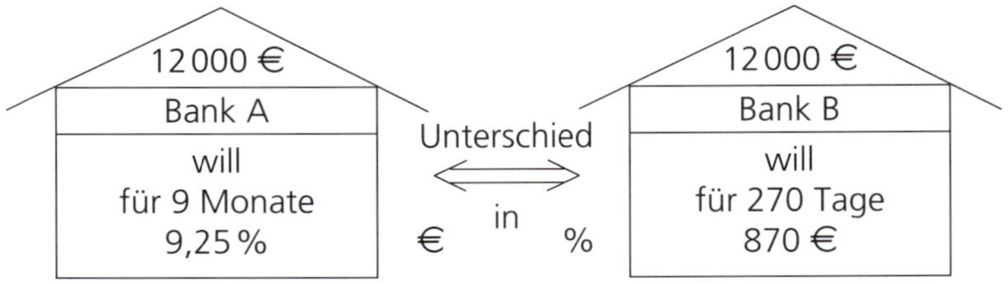

Zur Finanzierung eines Möbelkaufs benötigt Marion einen Kredit in Höhe von 12 000 €. Zwei Angebote hat sie zur Auswahl:

Bank A
Bei einem Zinssatz von 9,25 % werden Kredite und Zinsen nach 9 Monaten als Gesamtbetrag zurückbezahlt.

a) Berechne den Unterschied zwischen Angebot A und Angebot B in €.

Bank B
Kredit und Zinsen in Höhe von 870 € werden nach 270 Tagen zurück gezahlt.

b) Um wie viel liegen die Zinssätze von Angebot A und B auseinander?

Überlegungen zur Aufgabe

- Um die Angebote vergleichen zu können, müssen sie vergleichbar sein, d. h. hier gleiches Kapital und gleiche Laufzeit.
- Die Laufzeit ist einmal in Monaten und einmal in Tagen angegeben. Zur Überprüfung der Gleichheit muss eine Zeitangabe umgerechnet werden, z. B.:
  $9 \text{ Monate} \cdot 30 \frac{\text{Tage}}{\text{Monat}} = 270 \text{ Tage}$ oder $270 \text{ Tage} : 30 \frac{\text{Tage}}{\text{Monat}} = 9 \text{ Monate}$.
- Um sich die Umrechnung zu sparen, kann man hier auch mit zwei verschiedenen Formeln rechnen,
  der Monatsformel: und der Tageszinsformel:
  $Z = \frac{K \cdot p \cdot t_{Mon}}{100 \cdot 12}$ $Z = \frac{K \cdot p \cdot t_{Tage}}{100 \cdot 360}$
- Um den Unterschied der beiden Angebote in € berechnen zu können, müssen bei Angebot A die Zinsen berechnet werden.
- Um den Unterschied der beiden Angebote in % berechnen zu können, muss bei Angebot B der Zinssatz berechnet werden.
- Zur Berechnung des Zinssatzes ist eine Umstellung der Zinsformel erforderlich.

Monatszinsformel

$$Z = \frac{K \cdot p \cdot t_{Mon}}{100 \cdot 12}$$

$$Z \cdot 100 \cdot 12 = K \cdot p \cdot t_{Mon}$$

$$p = \frac{Z \cdot 100 \cdot 12}{K \cdot t_{Mon}}$$

Weitere Umstellungen sind:

$$K = \frac{Z \cdot 100 \cdot 12}{p \cdot t_{Mon}}$$

$$t_{Mon} = \frac{Z \cdot 100 \cdot 12}{K \cdot p}$$

Tageszinsformel

$$Z = \frac{K \cdot p \cdot t_{Tage}}{100 \cdot 360}$$

$$Z \cdot 100 \cdot 360 = K \cdot p \cdot t_{Tage}$$

$$p = \frac{Z \cdot 100 \cdot 360}{K \cdot t_{Tage}}$$

$$K = \frac{Z \cdot 100 \cdot 360}{p \cdot t_{Tage}}$$

$$t_{Tage} = \frac{Z \cdot 100 \cdot 360}{K \cdot p}$$

Lösung

a) gegeben:
Kapital, Zinssatz Laufzeit$_{Mon}$
gesucht:
Zins

$$Z = \frac{K \cdot p \cdot t_{Mon}}{100 \cdot 12}$$

$$Z = \frac{12\,000 \cdot 9{,}25 \cdot 9}{100 \cdot 12}$$

Z = 832,50 €
870 € – 832,50 € = 37,50 €

Bank A will 37,50 € weniger als Bank B.

b) gegeben:
Kapital, Zins, Laufzeit$_{Tage}$
gesucht:
Zinssatz

$$p = \frac{Z \cdot 100 \cdot 360}{K \cdot t_{Tage}}$$

$$p = \frac{870 \cdot 100 \cdot 360}{12\,000 \cdot 270}$$

p = 9,66%

Bank B will 0,41% mehr als Bank A.

Rechenbeispiele

1. Ulrike leiht sich zur Finanzierung ihres Wagens 9850 € zu 9,5% von der Bank und 4950 € zu 6,5% von ihrem Freund.
Wie hoch sind die jeweiligen und die gesamten Zinsen bei je einer Laufzeit von 300 Tagen?

Lösung

gegeben:
Kapital$_1$, Zinssatz$_1$; Kapital$_2$, Zinssatz$_2$
gesucht:
Zinsen$_1$, Zinsen$_2$, Zinsen$_{gesamt}$

2. Frau Debernitz legt 75 000 € für 120 Tage als Sparanlage an. Am Ende der Laufzeit wurden der Kundin 75 925 € ausbezahlt.
Wie hoch waren die Zinsen und zu welchem Zinssatz war das Kapital angelegt?

Lösung

gegeben:
Kapital, Laufzeit, Auszahlungsbetrag
gesucht:
Zinsen in €, Zinssatz

$$Z = \frac{K \cdot p \cdot t_{Tage}}{100 \cdot 360}$$

$$Z_1 = \frac{9850 \cdot 9{,}5 \cdot 300}{100 \cdot 360}$$

$$Z_1 = 779{,}79\ €$$

$$Z_2 = \frac{4950 \cdot 6{,}5 \cdot 300}{100 \cdot 360}$$

$$Z_2 = 268{,}13\ €$$

$$Z_{ges} = Z_1 + Z_2$$

$$Z_{ges} = 779{,}79\ € + 268{,}13\ €$$

$$Z_{ges} = 1047{,}92\ €$$

Die Bank erhält 779,79 €, der Freund 268,13 €, insgesamt sind es 1047,92 €.

3. Wer hatte seinen Kredit länger? Max lieh sich 12 825 € zu 6,5 % und zahlte 464,10 € an Zinsen. Hanna lieh 35 280 € zu 7,5 % und zahlte 1462,64 € an Zinsen. (Runde.)

Lösung

gegeben:

Kapital$_1$, Zinssatz$_1$, Zinsen$_1$

Kapital$_2$, Zinssatz$_2$, Zinsen$_2$

gesucht:

Laufzeit t_1, Laufzeit t_2, Unterschied

$$Z = \frac{K \cdot p \cdot t_{Tage}}{100 \cdot 360}$$

$$Z \cdot 100 \cdot 360 = K \cdot p \cdot t_{Tage}$$

$$t_{1Tage} = \frac{Z_1 \cdot 100 \cdot 360}{K_1 \cdot p_1}$$

$$t_{1Tage} = \frac{464{,}10 \cdot 100 \cdot 360}{12\,825 \cdot 6{,}5} \approx 200 \text{ Tage}$$

$$t_{2Tage} = \frac{Z_2 \cdot 100 \cdot 360}{K_2 \cdot p_2}$$

$$t_{2Tage} = \frac{1462{,}64 \cdot 100 \cdot 360}{15\,280 \cdot 7{,}5} \approx 199 \text{ Tage}$$

Max hatte seinen Kredit einen Tag länger als Hanna.

$$Z = 75\,925\ € - 75\,000\ €$$

$$Z = 925\ €$$

$$Z = \frac{K \cdot p \cdot t_{Tage}}{100 \cdot 360}$$

$$Z \cdot 360 = K \cdot p \cdot t_{Tage}$$

$$p = \frac{Z \cdot 100 \cdot 360}{K \cdot t_{Tage}}$$

$$p = \frac{925 \cdot 100 \cdot 360}{75000 \cdot 120}$$

$$p = 3{,}7\%$$

Die Zinsen betrugen 925 €; das Kapital war zu 3,7 % angelegt worden.

4. Ein Rechtsanwalt klagte Zinsen in Höhe von 7224 € und das geschuldete Kapital ein. Die Zinsen waren in 210 Tagen bei einem Zinssatz von 8,6 % entstanden. Berechne das Kapital.

Lösung

gegeben:

Zinsen, Laufzeit, Zinssatz

gesucht:

Kapital

$$Z = \frac{K \cdot p \cdot t_{Tage}}{100 \cdot 360}$$

$$Z \cdot 100 \cdot 360 = K \cdot p \cdot t_{Tage}$$

$$K = \frac{Z \cdot 100 \cdot 360}{p \cdot t_{Tage}}$$

$$K = \frac{7224 \cdot 100 \cdot 360}{8{,}6 \cdot 210}$$

$$K = 144\,000\ €$$

Der Rechtsanwalt klagte ein Kapital von 144 000 € ein.

5. Zum Kauf eines Wohnwagens nimmt Frau Meder ein Darlehen zu einem Zinssatz von 7,5 % auf. Dafür muss sie nach 8 Monaten 992 € Zinsen bezahlen.

a) Wie hoch ist das Darlehen?

b) Mit dem geliehenen Betrag kann Frau Meder 40 % des Wohnwagenpreises bezahlen. Berechne den Preis des Wohnwagens.

Lösung

a) gegeben: Zinssatz, Laufzeit, Zinsen
gesucht: Darlehen / Kapital

$$Z = \frac{K \cdot p \cdot t_{Mon}}{100 \cdot 12}$$

$$Z \cdot 100 \cdot 12 = K \cdot p \cdot t_{Mon}$$

$$K = \frac{Z \cdot 100 \cdot 12}{p \cdot t_{Mon}}$$

$$K = \frac{992 \cdot 100 \cdot 12}{7{,}5 \cdot 8}$$

$$K = 19\,840\text{ €}$$

Die Darlehenshöhe beträgt 19 840 €.

b) gegeben: Prozentwert, Prozentsatz
gesucht: Grundwert

$$40\,\% \mathrel{\hat{=}} 19\,840\text{ €}$$

$$100\,\% \mathrel{\hat{=}} x\text{ €}$$

$$x = \frac{100 \cdot 19840}{4}$$

$$x = 49\,600\text{ €}$$

Der Wohnwagenpreis beträgt 49 600 €.

Rechenaufgaben

1. Berechne die fehlenden Werte. Zeige dabei den Lösungsweg auf.

	Kapital	Zinssatz	Zeit	Zinsen	Kapital und Zinsen
a)	□ €	7,5 %	$\frac{3}{4}$ Jahr	10 406,25 €	□ €
b)	85 800 €	4,25 %	□ Monate	□ €	87 015,50 €

2. Herr Stein baut ein Einfamilienhaus. Dazu kauft er 650 m^2 Bauland zu 180 €/m^2. Die Baukosten betragen 280 000 €.
Herr Stein besitzt 35 000 € Ersparnisse und einen Bausparvertrag über 80 000 €. Seine Eigentumswohnung verkauft er für 145 000 €.

a) Wie hoch ist der Kredit, den sich Herr Stein zur Finanzierung des fehlenden Betrags leihen muss?

b) Wie hoch ist der mit der Bank vereinbarte Zinssatz, wenn für ein halbes Jahr 3728,75 € Zinsen berechnet werden?

c) Durch das Bauspardarlehen fällt jährlich ein Betrag von 5400 € für Zinsen und Tilgung an. Wie hoch ist die gesamte monatliche Belastung durch den Bankkredit und das Bauspardarlehen? Runde auf zwei Dezimalen.

3. Yvonne möchte sich ein Auto kaufen. Der Preis beträgt 25 000 €. Zum Kauf fehlen ihr 12 000 €.

a) Der Autohändler schlägt Yvonne diese Finanzierung vor: 24 Monatsraten zu je 555 €. Um wie viel käme das Auto teurer?

b) Für einen Kredit mit einer Laufzeit von 2 Jahren müsste Yvonne 8 % bezahlen. In diesem Fall könnte sie das Auto bar bezahlen und 3 % Preisnachlass auf den Kaufpreis erhalten. Welchen Betrag müsste Yvonne dann noch aufnehmen?

c) Wie viele € kann Yvonne beim günstigeren Angebot einsparen?

4. Herr Berger hat 235 000 € geerbt. Davon leiht er seinem Freund 72 000 €. Dieser zahlt ihm nach 11 Monaten den Betrag von 76 125 € zurück. Herr Berger legt ebenfalls 72 000 € für 330 Tage zu 6,5 % bei einer Bank an.

a) Welcher Zinssatz war mit dem Freund vereinbart?

b) Wie viele Zinsen bekommt Herr Berger von der Bank?

c) Wie groß ist der Unterschied der beiden Zinserträge in €?

d) Für den Restbetrag der Erbschaft will Herr Berger seine bisher gemietete 46 m^2 große Wohnung zu einem Quadratmeterpreis von 1850 € kaufen. Reicht der Restbetrag dazu aus?

5. Im Schwimmbad der Gemeinde wurde eine Sauna mit Nebenräumen eingerichtet. Vier Fünftel der Kosten trug die Gemeinde, den Rest in Höhe von 27 000 € übernahm der Sportverein.

a) Wie hoch waren die gesamten Baukosten?

b) Die gesamten Baukosten mussten mit 6,5 % verzinst werden. Die Betriebskosten beliefen sich auf 9975 € im Jahr. Wie hoch mussten die Einnahmen sein, wenn Zinsen und Betriebskosten damit gedeckt werden sollten?

c) Der Eintrittspreis für den Saunabesuch betrug 7,50 €. Wie viele Besucher hatte die Sauna, wenn die unter b) errechneten Gesamtkosten durch die Eintrittsgelder ausgeglichen werden konnten?

6. Herr Kraus baut ein Haus um 504 000 €. Sein Eigenkapital beträgt 234 000 €. Seine Eltern gewähren ihm ein Darlehen von 54 000 € zu einem Zinssatz von 3,5 %. Das restliche Geld leiht er sich von einer Bank zu einem Zinssatz von 8,5 %. Im neuen Haus vermietet er eine Wohnung für 432 € monatlich. In diesem Betrag sind 20 % Nebenkosten enthalten.

a) Berechne die jährliche Zinsbelastung von Herrn Kraus.

b) Wie viel muss Herr Kraus monatlich zur Miete (ohne Nebenkosten) zuzahlen, um seine Zinsbelastung ausgleichen zu können?

7. Herr Müller nimmt am 01. 04. einen Kredit von 15 000 € auf. Laut Vertrag soll er den Kredit mit 9,5 % Zinsen am 31.12. des gleichen Jahres zurück zahlen. Da Herr Müller zu einer fristgerechten Rückzahlung nicht in der Lage ist, wird ihm ein Zahlungsaufschub bis zum 31. 03. des Folgejahres gewährt. Für die restliche Zeit muss er jedoch für den am 31. 12. fälligen Betrag 11 % Zinsen bezahlen.

a) Wie viele € Zinsen hätte Herr Müller bei Einhaltung des Rückzahlungstermins am 31. 12. zahlen müssen?

b) Welchen Betrag muss er am 31. 03. insgesamt zurück zahlen?

8. Paul hat seit seinem Geburtstag 840 € auf seinem Sparkonto und bekommt 5,5 % Zins dafür. Bei Antritt seiner Berufsausbildung am 01. 09. möchte er sich ein Mokick zum Preis von 1958 € kaufen. Am 01. 09. schenkt ihm die Familie für seinen guten Schulabschluss 500 €.

a) Welchen Betrag muss Paul am 01. 09. für den beabsichtigten Kauf des Mokicks noch aufbringen? (Vom Geburtstag bis zum 01. 09. sind es 145 Zinstage.)

b) Für den fehlenden Betrag leiht Paul 600 € für 5 Monate bei einer Bank und zahlt dafür insgesamt 32,50 € an Zinsen. Zu welchem Zinssatz hat die Bank das Geld verliehen?

c) Wie hoch ist eine Monatsrate, wenn Zins und Rückzahlung gleichmäßig auf die vereinbarte Laufzeit verteilt werden?

I Sachaufgaben mit Zinsen

Rechenaufgaben

1. Evelyn möchte sich einen Computer kaufen, der 1470 € kostet. Sie kann zwischen zwei Möglichkeiten wählen:

a) Händlerangebot: Anzahlung 185,55 € und 12 Monatsraten zu je 115 €. Wie viel Prozent Aufschlag verlangt der Händler?

b) Finanzierungsangebot: Zinsen 104,50 €; Evelyn kann dann 2 % Skonto vom Computerpreis abziehen.

c) Berechne den Unterschiedsbetrag der beiden Finanzierungsmöglichkeiten.

2. Frau Müller verkauft ihr Geschäft für 540 000 €. Davon behält sie 160 000 €, den Rest bekommen ihre Söhne Hans und Anton zur Hälfte.

a) Frau Müller legt ihren Anteil so an, dass sie monatlich Zinsen in Höhe von 1200 € erhält. Wie hoch ist der Zinssatz?

b) Hans kauft mit seinem Anteil eine Eigentumswohnung. Als Miete nimmt er jährlich 3,75 % des Kaufpreises ein. 140 € bezahlt er monatlich an Kosten. Wie viele € bleiben Hans monatlich von der Miete?

c) Anton leiht von seinem Anteil einem Freund Geld zum Aufbau eines Geschäftes. Nach 8 Monaten zahlt ihm dieser einen Gewinnanteil von 5500 €. Damit hat sich sein eingesetztes Kapital mit 7,5 % verzinst. Das Restkapital hat er in dieser Zeit mit demselben Zinssatz bei einer Bank angelegt. Wie viele € hat ihm das gebracht?

3. Herrn Schuster wird eine Eigentumswohnung zu 280 000 € angeboten. Er kann von seinem Arbeitgeber 120 000 € zu 5 % jährlich und von einer Bank ein Darlehen zu 8 % jährlich bekommen. Seine Ersparnisse betragen 70 000 €. Er hat ein monatliches Nettoeinkommen von 2760 €. Die monatliche Belastung soll ein Drittel seines Nettoeinkommens nicht überschreiten.
Kann sich Herr Schuster die Eigentumswohnung leisten?

4. Ein Handwerksmeister erhält beim Kauf einer Maschine einen Sonderrabatt von 14 %. Zur Finanzierung verwendet er Eigenkapital in Höhe von 20 000 € und ein Bankdarlehen in Höhe von 48 800 € zu einem Zinssatz von 7,5 %. Für das Darlehen wird eine feste Laufzeit vertraglich vereinbart. Die Bank berechnet dafür 1830 € an Zinsen.
125 Tage vor Ablauf der vereinbarten Laufzeit kann der Handwerksmeister einen Betrag von 30 600 € anlegen. Durch die Zinsen für dieses Guthaben verringert sich die Zinsbelastung seines Darlehens um 1511,25 €.

a) Zu welchem Sonderpreis kann der Handwerksmeister die Maschine erwerben?

b) Wie viele € spart er durch den Sonderpreis?

c) Welche Laufzeit wird für das Darlehen vertraglich vereinbart?

d) Zu welchem Zinssatz legt der Handwerksmeister den Geldbetrag an?

5. Ein Kunde hat auf seinem Sparkonto ein Guthaben von 18 000 €. In den ersten 30 Tagen verzinst er diese Einlage mit 2,5 % und in den darauf folgenden vier Monaten mit 3 %. Hätte der Kunde das Geld als Festgeld angelegt, wären ihm für 5 Monate 450 € an Zinsen gut geschrieben worden.

a) Wie viele € Zinsen erhält er für den ersten Zeitraum von 30 Tagen, wie viele für die darauf folgenden Monate?
b) Berechne den Zinssatz für eine Anlage auf dem Festgeldkonto.
c) Wie viele € Zinsen hätte er auf einem Festgeldkonto mehr erhalten?

6. Arthur, Bernd und Carmen erben ihr Elternhaus und verkaufen es um 1251 000 €. Jeder erhält den gleichen Anteil.
Arthur verleiht seinen Anteil für 9,5 Monate zu einem Zinssatz von 7,2 %.
Bernd verwendet zwei Drittel seines Anteils für den Erwerb eines Einfamilienhauses und vermietet dieses für 1390 € pro Monat.
Carmen legt einen Teil ihres Geldes 9 Monate lang zu einem Zinssatz von 7,5 % bei einer Bank an und erzielt so 18 000 € an Zinsen.

a) Wie viele Zinsen bekommt Arthur?
b) Um wie viele Prozent verzinst sich das Geld von Bernd jährlich?
c) Wie hoch ist Carmens angelegtes Kapital?

7. Ein Unternehmer kauft einen Neuwagen zum Preis von 66 000 €. Das vorherige Fahrzeug wird mit einer Wertminderung von 12 000 € in Zahlung genommen, sodass er noch 75 % des damaligen Neupreises erhält. An Eigenkapital werden 16 000 € beigesteuert. Den Restbetrag leiht sich der Unternehmer von seiner Bank zu einem Zinssatz von 7,5 %.

a) Errechne den Neupreis des vorherigen Fahrzeugs.
b) Wie hoch ist der Restbetrag?
c) Berechne die monatliche Zinsbelastung.
d) Von einer anderen Bank wurde ihm ein Kredit angeboten, bei dem im ersten Jahr 1038,50 € an Zinsen anfallen würden. Bestimme den Zinssatz.

8. Frau Sommer hatte ein Kapital zu 5,7 % Jahreszinssatz für 330 Tage angelegt. Zum Jahresende erhielt sie 2821,50 € an Zinsen. Dieser Betrag wird zusammen mit dem alten Kapital für das ganze nächste Jahr fest gelegt. Zum 1. Januar des darauf folgenden Jahres bekam sie 3409,29 € an Zinsen gut geschrieben.

a) Welchen Betrag hatte Frau Sommer zuerst angelegt?
b) Welchen Zinssatz gewährte die Bank im zweiten Jahr?
c) Um wie viele Prozent hat sich das Kapital durch die Zinsen im ersten und zweiten Jahr erhöht? (Runde auf eine Nachkommastelle.)

9. Herr Huber kaufte einen Acker zum Preis von 12 800 €. Die Grunderwerbsteuer betrug 5 % des Kaufpreises, die Notarkosten beliefen sich auf 560 €.

a) Berechne die Gesamterwerbskosten.
b) Herr Huber hatte 8000 € an Eigenkapital zur Verfügung. Den Rest nahm er als Darlehen zu einem Zinssatz von 12 % auf. Nach 185 Tagen zahlte er dieses Darlehen einschließlich der Zinsen und einer von der Bank erhobenen Verwaltungsgebühr von 5 € zurück.
Wie hoch waren die Gesamtkosten für den Acker geworden?

c) Einige Jahre später verkaufte Herr Huber den Acker als Bauland mit einem Gewinn, der 56 % der Gesamtkosten ausmachte. Welchen Verkaufspreis konnte er erzielen?
d) Diesen Betrag legte er für die Dauer von 120 Tagen auf der Bank an und erhielt dafür 299 € an Zinsen. Welcher Zinssatz war mit der Bank vereinbart worden?

10. Ein Darlehen von 12 000 €, das am 01. 01. gewährt wurde, sollte nach der ursprünglichen Vereinbarung am 30. 09. desselben Jahres mit 8 % Zinsen zurück bezahlt werden. Da die Schuld nicht fristgemäß bezahlt werden konnte, kam es zu einer Fristverlängerung bis zum 31. 12. desselben Jahres. Für die restliche Zeit mussten für den am 30. 09. fällig gewesenen Gesamtbetrag 10 % Zinsen bezahlt werden.
a) Wie viele € hätte der Schuldner bei Fristeinhaltung zurück bezahlen müssen?
b) Welcher Betrag musste am Jahresende insgesamt bezahlt werden?

11. Herr Schmid kauft eine Eigentumswohnung zum Preis von 180 000 €. Ein Fünftel dieses Betrages wird durch sein Eigenkapital gedeckt. Den Rest muss er aufnehmen.
a) Berechne die Höhe des Eigenkapitals.
b) Von der Bank kann er ein zinsgünstiges Darlehen erhalten. Das bringt eine jährliche Belastung von 900 €. Dieser Betrag setzt sich aus 1,5 % Zins und 3 % Tilgung zusammen. Wie hoch ist das Darlehen?
c) Für sein Bauspardarlehen in Höhe von 70 000 € sind 5 % Zins und 7 % Tilgung festgelegt. Welche monatliche Belastung ergibt sich daraus?
d) Die noch fehlende Summe wird als Hypothek aufgenommen. Wie hoch ist sie?
e) Wie viele Prozente betragen Zins- und Tilgungsrate der Hypothek zusammen, wenn Herr Schmid eine monatliche Gesamtbelastung von 1180 € errechnete?

12. Ein Bauherr erstellt ein Reihenhaus für 168 000 €. Er besitzt 78 000 € Eigenkapital und bekommt ein Arbeitnehmerdarlehen von 27 000 € zu 3,5 %. Das restliche Geld erhält er von einer Bank zu 8,5 %. Nach Bezug des Hauses vermietet er 2 Zimmer zu je 240 € im Monat.
a) Wie viele Zinsen muss er insgesamt in einem Jahr bezahlen?
b) Muss er bei vierteljährlicher Zinszahlung noch etwas dazu legen, um die Zinsbelastung begleichen zu können?

13. Frau Leis gibt ihr Geschäft auf. Sie behält ein Sechstel des Geschäftswertes und überlässt den Rest ihren beiden Söhnen Alfons und Hans zu gleichen Teilen.
a) Bestimme die Höhe der einzelnen Anteile, wenn Frau Leis 450 000 € behält.
b) Gib das Verhältnis der Anteile in den kleinstmöglichen ganzen Zahlen an.
c) Alfons legt 1,125 Mio € in 5 Eigentumswohnungen zu je 65 m^2 an. Die Monatsmiete wird mit einem Quadratmeterpreis von 11 € berechnet. Ermittle die Gesamteinnahme für 8 Monate.

d) Mit welchem Prozentsatz verzinst sich das angelegte Kapital im Jahr, wenn Alfons jährlich 11 962,50 € Kosten für die Wohnungen entstehen?

e) Hans wird mit seinem Anteil stiller Teilhaber eines Betriebes. Sein Kapital verzinst sich mit 11 %. Berechne die Zinsen für 8 Monate.

f) Vergleiche die Kapitalerträge der beiden Brüder. Um das Wievielfache erzielt Hans mehr als Alfons?

14. Herr Häusler erstellt einen Finanzierungsplan für ein Haus, das 287 800 € kosten soll. An Eigenkapital bringt er 110 000 € auf. Ein Kreditinstitut gewährt ihm eine Hypothek in Höhe von 75 000 € zu 8 %. Für ein Arbeitgeberdarlehen muss er bei einem Zinssatz von 5 % monatlich 95 € Zins aufbringen. Den Rest kann er privat finanzieren.

a) Berechne die Höhe des Arbeitgeberdarlehens.

b) Zu welchem Zinssatz kann er höchstens privat finanzieren, wenn die monatliche Zinsbelastung insgesamt 1195 € nicht übersteigen darf?

15. Am 21. Juli nahm Herr Meier ein Darlehen in Höhe von 9000 € zu einem Zinssatz von 8,5 % auf. Die Hälfte dieses Betrages zahlte er am Jahresende einschließlich der bis dahin angefallenen Zinsen zurück. Die Restschuld begleicht er samt Zinsen am 12. Juli des Folgejahres.

a) Berechne die Höhe der bis zum Jahresende angefallenen Zinsen.

b) Welchen Betrag zahlte Herr Meier bis zum Jahresende zurück?

c) Wie viele Zinsen fallen bis zum Rückzahlungstag am 12. Juli an?

d) Wie hoch ist der Betrag, der am 12. Juli zurück bezahlt werden muss?

Ausleihtag und Rückzahltag gelten als Zinstage.

16. Herr Flauger kauft eine Eigentumswohnung. Der Kaufpreis beträgt 180 000 €. Dazu kommen die Grunderwerbsteuer in Höhe von 2 % des Kaufpreises und 1400 € Notariatsgebühren.

a) Wie viel kostet die Wohnung insgesamt?

b) Für die Finanzierung stehen Herrn Flauger 90 000 € Eigenkapital zur Verfügung. Welchen Betrag muss er als Darlehen aufnehmen?

c) Wie hoch ist der mit einem Kreditinstitut vereinbarte Zinssatz für dieses Darlehen, wenn Herr Flauger im 1. Vierteljahr 1781,25 € an Zinsen bezahlen muss?

17. Durch ein Unwetter entsteht beim Gärtner ein Schaden von 17 754 €. Um die Schadensrechnung bezahlen zu können, löst der Gärtner am 21. 04. sein Sparkonto auf und nimmt noch am gleichen Tag ein Darlehen in Anspruch.

a) Der Gärtner hatte am 15. 01. ein Sparkonto mit einer Einzahlung von 8640 € eröffnet. Das Geldinstitut gewährte einen Zinssatz von 5 %. Welcher Betrag aus Einlage und Zinsen steht damit dem Gärtner zur Verfügung, wenn mit 95 Zinstagen gerechnet wird?

b) Wie hoch ist das benötigte Darlehen?

c) Im Juni erhält der Gärtner eine Steuerrückerstattung von 9679 €. Von dieser tilgt er Darlehen und Schuldzinsen in Höhe von 9189 €. Wie viele Tage hatte der Gärtner das Darlehen ausgeliehen, wenn ein Zinssatz von 10,8 % berechnet wurde?

18. Herr Stark kauft über einen Makler ein Haus, das zu 496 000 € angeboten ist. Zusätzlich muss Herr Stark noch Grunderwerbsteuer entrichten. Vom Kaufpreis sind 250 000 € grunderwerbsteuerfrei, für den Rest werden 7 % Grunderwerbsteuer berechnet. Zudem fallen noch 18 740 € an Nebenkosten an.

a) Welchen Betrag muss Herr Stark insgesamt für den Hauskauf bezahlen?
b) Um wie viele € übersteigt die gezahlte Kaufsumme den Angebotspreis?
c) Herr Stark finanziert den Hauskauf wie folgt: Er verkauft seine Eigentumswohnung für 301 960 €. Von seinem Arbeitgeber bekommt er 45 000 € zinsgünstiges Darlehen.
Welchen Restbetrag muss er als Kredit aufnehmen?
d) Herr Stark berechnet die monatliche Belastung, die er für den Hauskauf aufbringen muss. Für Zinsen und Tilgung fallen für das Arbeitgeberdarlehen 4 % und für den Kredit 9 % an.
Durch die Vermietung einer Wohnung erhält Herr Stark monatlich 337,50 €. Welche monatliche Belastung hat Herr Stark zu tragen?

19. Am 16. 03. lieh sich Herr Weber bei einer Bank 1800 € zu einem Zinssatz von 8 %. Am Ende des Jahres zahlte er die Hälfte des Darlehens einschließlich der bis dahin insgesamt angefallenen Zinsen zurück. Die Restschuld samt der Zinsen beglich er am 13. 11. des folgenden Jahres. Berechne die Höhe der Rückzahlungen, wobei Ausleih- und Rückzahltag Zinstage sind.

20. Herr Meier will ein Eigenheim bauen, dessen Gesamtkosten sich auf 210 000 € belaufen. Zur Finanzierung verwendet er sein Sparguthaben von 48 000 €, seinen Bausparvertrag über 80 000 €, der zu 35 % angespart ist, und seine Lebensversicherung in Höhe von 12 000 €.
Seine Mitarbeit beim Bau erspart ihm 5 % der Gesamtkosten. Den fehlenden Betrag nimmt er bei einem Kreditinstitut auf. Dieses verlangt 8 % Zins und 6 % Tilgung. Der Zinssatz der Bausparkasse beträgt 5 %, die Tilgung 6 %.
Wie hoch ist seine Belastung für das erste Jahr, wenn Zins und Tilgung jeweils nach Ablauf eines Jahres fällig werden?

21. Herr Gruber nahm zur Anschaffung von neuen Maschinen für seinen Betrieb 3 Kleindarlehen auf. Gläubiger B lieh Herrn Gruber 6000 €, Gläubiger A das $\frac{3}{4}$fache von B und Gläubiger C das $1\frac{1}{4}$fache von B.
Da Herr Gruber aus gesundheitlichen Gründen kurzfristig seinen Betrieb schließen muss, werden die Maschinen mit 25 % Wertminderung verkauft. Herr Gruber verfügt über keine sonstigen Barmittel. Deshalb können die Gläubiger zunächst nur anteilsmäßig, d. h. im Verhältnis der zur Verfügung gestellten Geldsummen abgefunden werden.

a) Welche Geldsumme stellte jeder Gläubiger Herrn Gruber zur Verfügung?
b) Wie hoch war die Geldsumme insgesamt?
c) Bestimme das Verhältnis (in kleinstmöglichen ganzen Zahlen), mit dem die Gläubiger abgefunden werden müssen.
d) Wie viel Geld erhielt Gläubiger A zurück?

J Umgekehrt proportionale Zuordnung

Musteraufgabe

Wird eine Tafel Schokolade gleichmäßig an 3 Kinder verteilt, erhält jedes Kind 8 Stücke.
Wie viele Stücke erhält jedes Kind, wenn die Tafel Schokolade gleichmäßig an 4 Kinder verteilt wird?

 je 

 je x

Überlegungen zur Aufgabe

Die Aufgabe kann auf zwei Arten dargestellt werden, nämlich als Leiter oder als Tabelle.

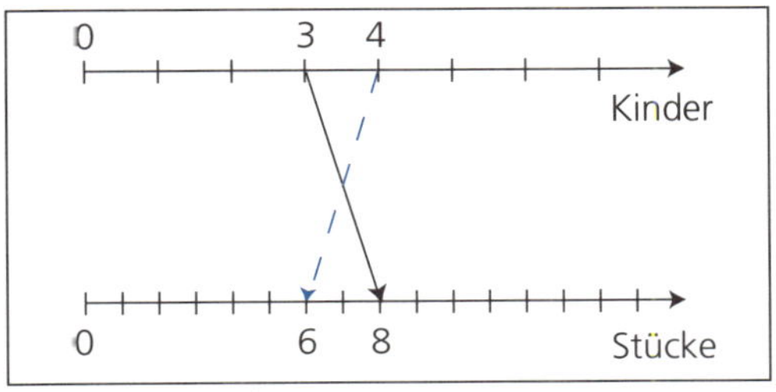

Kinder Anzahl	Schokolade Stücke
3	8
4	x

Die Aufgabe wird rechnerisch gelöst, indem man diesen Grundgedanken berücksichtigt:

Je mehr Kinder von der Schokolade bekommen, **desto weniger** Stücke bekommt jedes Kind.

Je weniger Kinder von der Schokolade bekommen, **desto mehr** Stücke bekommt jedes Kind.

oder

Je mehr Stücke ein Kind bekommt, **desto weniger** Kinder bekommen etwas von der Schokolade.

Je weniger Stücke ein Kind bekommt, **desto mehr** Kinder bekommen etwas von der Schokolade.

Lösung

Bei der Aufgabenlösung geht es um diese Punkte:

- Wir bilden zwei Wertepaare.
- Von einem Wertepaar sind zwei Größen bekannt.
- Vom anderen Wertepaar ist nur eine Größe bekannt.
- Auf der Grundlage des vollständig bekannten einen Wertepaares wird der fehlende Wert des unvollständig bekannten anderen Wertepaares berechnet.
- Zur Berechnung müssen immer gleiche Größen untereinander stehen.
- Verschiedene Größen eines Größenbereiches sind umzurechnen.
- Bei der Zuordnung entsprechender Werte wird das Entsprichtzeichen $\hat{=}$ verwendet.

Nun wird der Ansatz erstellt und die Rechnung durchgeführt:

bekanntes Wertepaar: 3 Kinder $\hat{=}$ 8 Stücke

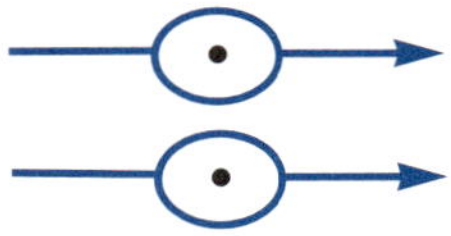

unbekanntes Wertepaar: 4 Kinder $\hat{=}$ x Stücke

$$3 \cdot 8 = 4 \cdot x$$

$$x = \frac{3 \cdot 8}{4}$$

$$x = 6 \text{ Stücke}$$

Wird die Tafel Schokolade an 4 Kinder verteilt, so erhält jedes Kind 6 Stücke.

Überschlagsrechnung

Vielfach lässt sich das Ergebnis genau oder näherungsweise durch eine Überschlagsrechnung schnell überprüfen:

- Die Tafel Schokolade hat 24 Stücke; jedes der 3 Kinder bekommt 8 Stücke davon ($3 \cdot 8 = 24$).
- Werden die 24 Stücke nun an 4 Kinder verteilt, erhält jedes Kind 6 Stücke ($24 : 4 = 6$).

Rechenbeispiele

1. An einer Klassenfahrt mit einem angemieteten Bus nehmen 30 Schüler teil. Jeder teilnehmende Schüler muss 8 € für die Fahrt bezahlen.
Wie viel muss jeder Schüler bezahlen, wenn

a) 40 Schüler daran teilnehmen?

Lösung
Je mehr Schüler, **desto weniger** Geld.

gegeben:
8 €/Schüler bei 30 Schülern
gesucht:
Preis x € für (mehr) 40 Schüler

30 Schüler ≙ 8 €/Schüler
40 Schüler ≙ x €/Schüler

$30 \cdot 8 = 40 \cdot x$

$x = \frac{30 \cdot 8}{40}$

$x = 6$ €/Schüler

Fahren 40 Schüler mit, kostet es 6 € pro Schüler.

b) 24 Schüler daran teilnehmen?

Lösung
Je weniger Schüler, **desto mehr** Geld.

gegeben:
8 €/Schüler bei 30 Schülern
gesucht:
Preis x € für (weniger) 24 Schüler

30 Schüler ≙ 8 €/Schüler
24 Schüler ≙ x €/Schüler

$30 \cdot 8 = 24 \cdot x$

$x = \frac{30 \cdot 8}{24}$

$x = 10$ €/Schüler

Fahren nur 24 Schüler mit, so kostet es 10 € pro Schüler.

2. Für den Sportverein wird ein Ausflugsboot angemietet. Jeder der 120 Teilnehmer muss für die entsprechende Fahrt 15 € bezahlen

a) Wie viele Leute nehmen teil, wenn jeder 22,50 € bezahlen muss?

Lösung
Je mehr Geld, **desto weniger** Teilnehmer.

gegeben: 15 €/Teilnehmer bei 120 Teilnehmern
gesucht: Teilnehmerzahl x für (mehr) Geld

15 €/Teilnehmer ≙ 120 Teilnehmer
22,50 €/Teilnehmer ≙ x Teilnehmer

$15 \cdot 120 = 22{,}50 \cdot x$

$x = \frac{15 \cdot 120}{22{,}50}$ $x = 80$ Teilnehmer

Zahlt jeder der Teilnehmer 22,50 €, nehmen 80 Personen an der Fahrt teil.

b) Wie viele Leute nehmen teil, wenn jeder 12 € bezahlen muss?

Lösung

Je weniger Geld, **desto mehr** Teilnehmer.

gegeben: 15 €/Teilnehmer bei 120 Teilnehmer
gesucht: Teilnehmerzahl x für (weniger) Geld

15 €/Teilnehmer ≙ 120 Teilnehmer
12 €/Teilnehmer ≙ x Teilnehmer

$15 \cdot 120 = 12 \cdot x$

$x = \frac{15 \cdot 120}{12}$ $x = 150$ Teilnehmer

Zahlt jeder der Teilnehmer 12 €, nehmen 150 Personen an der Fahrt teil.

Rechenaufgaben

1. Werden 6 LKW eingesetzt, muss jeder der LKW 64 Fahrten machen, um den erforderlichen Kies an eine Großbaustelle zu bringen.
Wie viele Fahrten hat jeder LKW, wenn
a) nur 3 (2) LKW mit gleichem Fassungsvermögen eingesetzt sind?
b) sogar 12 (16) LKW mit gleichem Fassungsvermögen eingesetzt sind?

2. Bei einer Tippgemeinschaft hat jeder der 11 Mitspieler 4323 € gewonnen.
a) Wie viele € hätte jeder bei gleichmäßiger Verteilung erhalten, wenn nur 4 (5) Spieler mitgespielt hätten?
b) Wie viele Spieler haben mitgespielt, wenn jeder einen Anteil in Höhe von 2161,50 € (3170,20 €) erhalten hat?

3. Bei einer gleichbleibenden Geschwindigkeit von 80 km/h braucht Herr Weber für eine bestimmte Strecke eine Fahrzeit von 4,5 Stunden.
a) Wie schnell ist er im Durchschnitt gefahren, wenn er diese Strecke in 6 (3) Stunden zurückgelegt hat?
b) Wie lange ist er gefahren, wenn er die Strecke mit durchschnittlich 75 km/h befuhr?

4. Der Bauschutt eines Sanierungsgebietes wird abgefahren. 6 LKW würden dazu 4 Tage benötigen.
a) Wie lange würde das Abfahren dauern, wenn man gleich zwei weitere LKW einsetzen würde?
b) Wie viele LKW waren eingesetzt, wenn das Abfahren 12 Tage gedauert hat?

5. In sechs Stunden stellen vier Automaten eine bestimmte Menge von Nägeln her. In welcher Zeit wird die gleiche Menge von drei Automaten hergestellt?

6. Durch gute Parzellierung kann ein Grundstück von 1720 m^2 in 5 Bauplätze geteilt werden. Die Stadtverwaltung genehmigt jedoch nur den Bau von 4 Häusern. Deshalb muss der 5. Bauplatz gleichmäßig auf die anderen Grundstücke verteilt werden.

a) Berechne die neue Größe der 4 Grundstücke.

b) Wie viele € müssen die Käufer bei einem Quadratmeterpreis von 135 € noch dazuzahlen?

7. 14 200 Flaschen werden in der Limonadenfabrik in 8 Stunden abgefüllt.

a) Wie viele Flaschen werden in 3 (5) Stunden gefüllt?

b) In wie vielen Stunden könnten 14 200 Flaschen gefüllt werden, wenn eine zweite Abfüllanlage mit gleicher Leistung gebaut werden würde?

8. Auf einer Zuschauertribüne sind für 1590 Zuschauer je 0,6 m^2 Platz vorgesehen. Wie viel Platz hat jeder Zuschauer, wenn auf die Tribüne 210 Zuschauer mehr als vorgesehen drängten?

9. Die Ortsgruppe des Alpenvereins buchte 2 Ferienhäuser für bis zu 8 Personen. Der Preis beläuft sich pro Haus auf 340 € zusätzlich 20 € für die Endreinigung.

a) Wie hoch sind die Mietkosten für jeden der Teilnehmer bei 16 Personen?

b) Da nur 12 Personen teilnehmen können, verändern sich die Kosten bei gleichmäßiger Verteilung. Wie hoch sind diese?

c) Wie hoch ist die finanzielle Belastung pro Person, wenn 8 Personen in einem und nur 4 Personen im anderen Haus wohnen? Die Mietkosten werden gleichmäßig auf die Bewohner jedes Hauses aufgeteilt.

d) Stelle die Höhe der Fahrtkosten pro Person fest, wenn der 350 km entfernte Urlaubsort mit 3 Autos angefahren wird und die Kosten für 100 km pro Auto auf 20 € kommen.

10. Die Gesamtwohnfläche eines Mietshauses von 1440 m^2 ist gleichmäßig aufgeteilt.

a) Wie viele Parteien wohnen in dem Mietshaus, wenn jede Wohnung 80 m^2 hat?

b) Wie groß wäre jede Wohnung bei 16 Parteien?

c) Sind die Wohnungen 120 m^2 groß, könnten weniger Wohnungen ausgewiesen werden. Berechne ihre Anzahl.

d) Die 80 m^2 große Wohnung kostet monatlich 683,20 €. Wie teuer kommt dann die 90 m^2 und die 120 m^2 große Wohnung?

11. Zum Abschreiben eines Textes sind 149 760 Anschläge nötig.

a) Wie lange dauert das Abschreiben durch drei Schreibkräfte, die je 240 Anschläge in der Minute schreiben?

b) Kann der Text in 2,5 Stunden abgeschrieben werden, wenn noch eine vierte Schreibkraft mit der gleichen Schreibleistung eingesetzt wird?

12. Ein Buch hat 180 Seiten mit 6480 Zeilen.
a) Berechne die durchschnittliche Zeilenanzahl einer Seite.
b) Wie viele Seiten hätte das Buch bei 30 Zeilen pro Seite?
c) Berechne die Zeilenzahl pro Seite, wenn das Buch einen Umfang von 162 Seiten hat.

13. Die Tribüne eines Fußballstadions wird ausgebessert. Die 18 eingesetzten Arbeitskräfte würden dafür 22 Arbeitstage benötigen.
Nach den ersten 6 Arbeitstagen teilt die Vereinsleitung mit, dass die Ausbesserungsarbeiten wegen eines Vorbereitungsspiels 4 Tage früher beendet sein müssen.
Wie viele Arbeitskräfte braucht man nun noch zusätzlich?

14. Eine Baufirma soll den Rohbau eines Wohnblocks erstellen. Sie rechnet damit, diese Aufgabe mit 12 Arbeitern bei einer täglichen Arbeitszeit von 8 Stunden in 16 Tagen zu schaffen.
Die Arbeit wird begonnen, aber nach 6 Tagen fallen 2 Arbeiter wegen Krankheit für die restliche Zeit aus.
a) Um wie viele Tage verzögert sich die Fertigstellung der Arbeit, wenn keine Arbeiter als Ersatz kommen und die tägliche Arbeitszeit gleich bleibt?
b) Wie viele Überstunden muss jeder Arbeiter pro Tag leisten, wenn die Arbeit termingerecht beendet werden soll?
Gib die Überstunden in Stunden und Minuten an.

15. Am Nachmittag treffen sich 22 Hauptschüler einer 9. Klasse freiwillig zu einer Aufräumaktion, um in einem Naturschutzgebiet Müll zu beseitigen. Sie bräuchten dazu 4,5 Stunden.
Nach 0,5 Stunden müssen 2 Schüler nach Hause gehen.
Nach weiteren 2 Stunden kommen 4 Schüler aus der 8. Klasse als Helfer hinzu.
a) Wie lange dauert die Aufräumaktion insgesamt?
b) Wie viele Schüler mehr wären von Anfang an nötig gewesen, um die gesamte Arbeit in 3 Stunden erledigen zu können?

16. Ein Fliesengeschäft soll einen Auftrag innerhalb von 18 Tagen ausführen. Wenn 8 Fliesenleger täglich 7,5 Stunden arbeiten, kann der Auftrag fristgerecht erledigt werden. Es fallen jedoch nach 6 Tagen 2 Arbeiter aus.
a) Wie viele Überstunden müsste jeder Fliesenleger nun pro Arbeitstag aufbringen, damit der Termin eingehalten werden kann?
b) Wie viele Arbeitstage wären ohne Überstunden insgesamt nötig gewesen, um diesen Auftrag zu erledigen?

Anhang und Lösungen

Zuordnungen

poportional

Grundgedanke und Rechnung
Von einem Wertepaar sind zwei Größen bekannt, z. B. 3 Dosen für 1,50 €.
Vom anderen Wertepaar ist nur eine Größe bekannt, z. B. 5 Dosen.
Beachte:

Je mehr …	desto mehr …
Je weniger …	desto weniger …

3 Dosen ≙ 1,50 €

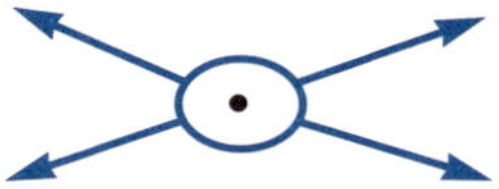

5 Dosen ≙ x €

$x \cdot 3 = 5 \cdot 1{,}50$

$x = \dfrac{5 \cdot 1{,}50}{3}$

x = 2,50 € für 5 Dosen

umgekehrt proportional

Grundgedanke und Rechnung
Von einem Wertepaar sind zwei Größen bekannt, z. B. 3 Kinder je 8 Bonbons/Kind.
Vom anderen Wertepaar ist nur eine Größe bekannt, z. B. 12 Kinder.
Beachte:

Je mehr …	desto weniger …
Je weniger …	desto mehr …

3 Kinder ≙ 8 Bonbons/Kinder

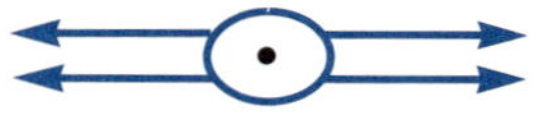

12 Kinder ≙ x Bonbons/Kind

$3 \cdot 8 = 12 \cdot x$

$x = \dfrac{3 \cdot 8}{12}$

x = 2 Bonbons/Kind

Prozentrechnen

Grundgedanke und Rechnung
Von einem Wertepaar sind zwei gleiche Größen bekannt, einmal als Zahl und das andere Mal als Prozentzahl, z. B. 12 % und 6 €. Vom anderen Paar ist eine Größe bekannt, entweder als Zahl oder als Prozentzahl, z. B. 100 %. Die Vergleichszahl ist 100.

12 %(Prozentsatz) ≙ 6 € (Prozentwert)

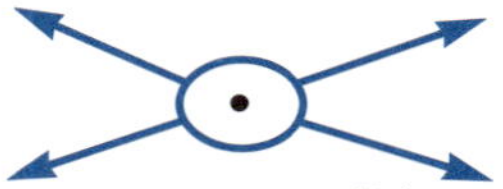

100 % ≙ x € (Grundwert)

$x = \dfrac{100 \cdot 6}{12}$

x = 50 €

Daraus ergeben sich drei Aufgabentypen:

Prozentwert Pw: $Pw = \dfrac{Gw \cdot Ps}{100}$

Prozentsatz Ps: $Ps = \dfrac{Pw \cdot 100}{Gw}$

Grundwert Gw: gesucht. $Gw = \dfrac{Pw \cdot 100}{Ps}$

Promillerechnen

Grundgedanke und Rechnung
Das Promillerechnen unterscheidet sich nur durch die Vergleichszahl 1000 von der Prozentrechnung.

12 ‰ (Promillesatz) ≙ 6 € (Promillewert)

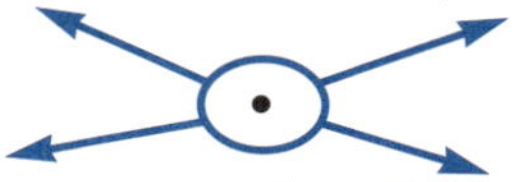

1000 ‰ ≙ x € (Grundwert)

$x = \dfrac{1000 \cdot 6}{12}$

x = 500 €

Daraus ergeben sich drei Aufgabentypen:

Promillewert Pw: $Pw = \dfrac{Gw \cdot Ps}{1000}$

Promillesatz Ps: $Ps = \dfrac{Pw \cdot 1000}{Gw}$

Grundwert Gw: gesucht. $Gw = \dfrac{Pw \cdot 1000}{Ps}$

Zinsrechnen

Zusammenhänge

1. Rechnerisch richtet sich die Höhe der Zinsen Z nach der
   a) Höhe des Zinssatzes p,
   b) Höhe des Kapitals K und
   c) Länge der Laufzeit t.
2. Rechnerisch richtet sich die Höhe des Zinssatzes p nach der
   a) Höhe der Zinsen,
   b) Höhe des Kapitals K und
   c) Länge der Laufzeit t.
3. Rechnerisch richtet sich die Höhe des Kapitals K nach der
   a) Höhe des Zinssatzes p,
   b) Höhe der Zinsen Z und
   c) Länge der Laufzeit t.
4. Rechnerisch richtet sich die Länge der Laufzeit t nach der
   a) Höhe des Zinsatzes p,
   b) Höhe der Zinsen Z und
   c) Höhe des Kapitals K.

Formeln

Monatszins

$$Z = \frac{K \cdot p \cdot t_{Mon}}{100 \cdot 12}$$

$$p = \frac{Z \cdot 100 \cdot 12}{K \cdot t_{Mon}}$$

$$K = \frac{Z \cdot 100 \cdot 12}{p \cdot t_{Mon}}$$

$$t_{Mon} = \frac{Z \cdot 100 \cdot 12}{K \cdot p}$$

Tageszins

$$Z = \frac{K \cdot p \cdot t_{Tage}}{100 \cdot 360}$$

$$p = \frac{Z \cdot 100 \cdot 360}{K \cdot t_{Tage}}$$

$$K = \frac{Z \cdot 100 \cdot 360}{p \cdot t_{Tage}}$$

$$t_{Tage} = \frac{Z \cdot 100 \cdot 360}{K \cdot p}$$

Wesentliche Begriffe

Zinsen Z	Leihgebühr für Geld in €
Guthabenzins	Leihgebühr für geliehenes Geld
Schuldzins	Leihgebühr für entliehenes Geld
Jahreszins	Zins für 1 Jahr in €
Monatszins	Zins für 1 Monat in €
Tageszins	Zins für 1 Tag in €
Zinssatz p	Leihgebühr für Geld in %
Kapital K	geliehenes, verliehenes Geld
Zinszeit t	Zeitraum, in dem das Kapital verliehen / geliehen war. 1 Jahr ≙ 12 Monate ≙ 360 Tage; 1 Monat ≙ 30 Tage

Weitere Begriffe

Darlehen	Kredit, geschuldeter Betrag
Eigenkapital	Geldbetrag, den man selbst hat
Festgeld	für eine bestimmte Zeit fest angelegter Betrag
Finanzierung	mit Geld ermöglichen
Hypothek	Kredit für eine Immobilie
Kredit	Darlehen, geschuldetes Geld
Monatsrate	monatlich zurück zu zahlender Betrag
Schuld	geschuldeter Betrag, Darlehen, Kredit
Spareinlage	gespartes Geld, das Guthabenzinsen bringt
Tilgung	Rückzahlung des entliehenen Kapitals in % oder in €
Zinsbelastung	ein durch Schuldzinsen entstandener Betrag

Lösungen

A Zahlenrechnen

1 Rechnen mit ganzen Zahlen

1. a) 360 b) 11 356 c) 200 d) 13 578
   e) 680 f) 40 g) 4875 h) 29 140

2. a) 1973 b) 10 000 c) 1050 d) 1000
   e) 14 700 f) 400 g) 1000 h) 43 000

3. a) $(3479 + 2769) - 4153 = 2095$
   b) $(9876 - 3789) + 1009 = 7096$
   c) $246 \cdot 78 - 9178 = 10\,001$
   d) $(456 + 789) \cdot 45 = 56\,025$
   e) $(9542 + 1234) : 4 = 2694$
   f) $(567 + 234) + (789 - 590) = 1000$
   g) $(405 + 345) : 25 = 30$
   h) $125 \cdot 75 + (403 + 222) = 10\,000$

4. 5000 € – (1280 € + 875 € + 3 · 265 € + 796 € + 183 € + 784 € = 287 €
   Das Geld reicht für die Anschaffung. Familie Berger hat noch 287 € übrig.

5. $6600\,\text{l} : \left(6\,\frac{\text{l}}{\text{min}} + 4\,\frac{\text{l}}{\text{min}}\right) \cdot 60 = 660\,\text{l} : 600\,\frac{\text{l}}{\text{min}} = 11\,\text{min} = 0{,}183\,\text{h}$

6. a) 15 360 € : 24 = 640 €
   Jeder Auszubildende erhält 640 € im Monat.

   b) (9 · 2480 €) + (138 · 2160 €) + 15 360 € = 335 760 €

7. a) $672\,€ : 16\,\frac{€}{\text{Stunde}} = 42$ Stunden
   b) 16 € · 38 Stunden = 608 €

2. Rechnen mit Dezimalbrüchen

1. a) 12,771 b) 1,071 c) 19,615 d) 5,1164 e) 50,966 f) 123,3207
2. a) 2,82 b) 22,4 c) 3,83 d) 38,493 e) 78,767 f) 3,5154
3. a) 55 384,602 b) 5 c) 112,302 d) 7,36 e) 7 f) 3
4. a) 1 b) 5,1 c) 8 d) 21,5 e) 2,18 f) 26
5. a) $x - 14{,}5 = 91{,}8$; $x = 106{,}3$
   b) $x + 81{,}21 = 333{,}3$; $x = 252{,}09$
   c) $3976 - 74{,}2 \cdot 41 = 933{,}8$
   d) $45 \cdot (3{,}1 + 6{,}25) + 23 \cdot 1{,}9 = 464{,}45$
   e) $1039{,}5 : (35{,}8 + 41{,}2) = 13{,}5$
6. 17,5 m – (2,25 m + 3,5 m + 4,75 m + 2,5 m + 3,75 m) = 0,75 m; Rest vom Stoffballen: 0,75 m
7. Teil 1: (1,75 m – 0,45 m) ; 2 = 0,65 m Teil 2: 0,65 m + 0,45 m = 1,10 m
8. $149{,}5\,\text{km} : 23\,\text{km/h} = 149{,}5 : 23\,\frac{\text{km} \cdot \text{h}}{\text{km}} = 6{,}5\,\text{h}$; Fahrdauer: 6 Stunden 30 min
9. 24,48 kg : 0,68 kg/l = 36 l; 36 l Benzin wiegen 24,48 kg.
10. 697,50 € : 18,75 €/m = 37,2 m
11. 4,35 m · 60 s · 60 · 2 = 31 320 m = 31,320 km
    Der Radler legt in 2 Stunden 31,32 km zurück.

3 Rechnen mit Brüchen

1. a) $\frac{1}{3}\cdot\frac{3}{7}+\frac{5}{6}\cdot\frac{6}{7}=\frac{1\cdot 3}{3\cdot 7}+\frac{5\cdot 6}{6\cdot 7}=\frac{1}{7}+\frac{5}{7}=\frac{6}{7}$

   b) $\frac{7}{9}-\frac{16\cdot 9}{27\cdot 8}=\frac{7}{9}-\frac{2}{3}=\frac{7}{9}-\frac{2\cdot 3}{3\cdot 3}=\frac{7}{9}-\frac{6}{9}=\frac{7-6}{9}=\frac{1}{9}$

   c) $\frac{11}{12}:\frac{55}{48}-\frac{3}{17}\cdot\frac{17}{8}=\frac{11\cdot 48}{12\cdot 55}-\frac{3\cdot 17}{17\cdot 8}=\frac{4}{5}-\frac{3}{8}=\frac{4\cdot 8}{40}-\frac{3\cdot 5}{40}=\frac{32-15}{40}=\frac{17}{40}$

   d) $1\frac{3}{8}+\frac{9}{5}\cdot\frac{5}{18}-\frac{7}{6}:\frac{28}{45}=\frac{11}{8}+\frac{1}{2}-\frac{7\cdot 45}{6\cdot 28}=\frac{11+4}{8}-\frac{15}{2\cdot 4}=0$

2. a) $\frac{19}{21}:\left(\frac{38}{7}+\frac{19}{14}\right)+\frac{1}{5}\cdot\frac{13}{3}=\frac{19}{21}:\frac{76+19}{14}+\frac{13}{15}=\frac{19\cdot 14}{21\cdot 95}+\frac{13}{15}=\frac{2+13}{15}=1$

   b) $\frac{19}{21}:\frac{38}{7}+\left(\frac{19}{14}+\frac{1}{5}\right)\cdot\frac{13}{3}=\frac{19\cdot 7}{21\cdot 38}+\frac{19\cdot 5+14}{70}\cdot\frac{13}{3}=\frac{1}{6}+\frac{109\cdot 13}{70\cdot 3}=$

   $\frac{1}{6}+\frac{1417}{210}=\frac{35+1417}{210}=\frac{1452}{210}=6\frac{192}{210}=6\frac{32}{35}$

   Die unterschiedliche Klammerstellung bei den beiden Aufgaben bewirkt die ungleichen Ergebnisse.

3. a) $\left(\frac{17}{21}+\frac{3}{7}\right):\left(\frac{3}{7}-\frac{1}{7}\right)=\frac{17+9}{21}:\frac{9-7}{21}=\frac{26\cdot 21}{21\cdot 2}=13$

   b) $\left(\frac{9}{34}:\frac{11}{17}\right)\cdot\left(\frac{7}{8}-\frac{2}{3}\right)=\frac{9\cdot 17}{34\cdot 11}\cdot\frac{21-16}{24}=\frac{9\cdot 17\cdot 5}{34\cdot 11\cdot 24}=\frac{15}{176}$

   d) $\left(3\frac{1}{2}+4\frac{3}{8}+12\frac{5}{6}\right)\cdot\frac{24}{49}-\frac{1}{7}=\left(\frac{7}{2}+\frac{35}{8}+\frac{77}{6}\right)\cdot\frac{24}{49}-\frac{1}{7}=\frac{84+105+308}{24}\cdot\frac{24}{49}-\frac{1}{7}=$

   $\frac{497}{24}\cdot\frac{24}{49}-\frac{1}{7}=\frac{497}{49}-\frac{1}{7}=\frac{71}{7}-\frac{1}{7}=10$

4. $\left(17\frac{2}{3}+32\frac{2}{5}\right)-\left(17\frac{2}{5}-9\frac{3}{4}\right)+\left(5\frac{2}{3}:2\frac{1}{8}-\frac{1}{3}\right)=\left(\frac{53}{3}+\frac{162}{5}\right)-\left(\frac{87}{5}-\frac{39}{4}\right)+\left(\frac{17}{3}:\frac{17}{8}-\frac{1}{3}\right)=$

   $\frac{751}{15}-\frac{153}{20}+\frac{7}{3}=\frac{2545}{60}+\frac{7}{3}=\frac{509}{12}+\frac{28}{12}=\frac{537}{12}=44\frac{3}{4}$

5. 161 km : 7 = 23 km

   a) 23 km ≙ 4,6 h
      69 km ≙ x h
      $x=\frac{69\cdot 4{,}6}{23}$ x = 13,8 h

      Die Wandergruppe braucht für 69 km 13,8 Stunden

   b) 4,6 h ≙ 23 km
      2,3 h ≙ x km
      $x=\frac{2{,}3\cdot 23}{4{,}6}$ x = 11,5 km

      Die Wandergruppe legt in 2,3 Stunden 11,5 km zurück.

6. a) $\frac{7}{7}-\frac{5}{7}=\frac{2}{7}$; 14 · 5,5 cm = 77 cm (= $\frac{2}{7}$ der gesamten Länge)

   77 cm : $\frac{2}{7}\cdot\frac{5}{7}$ = 192,5 cm → 192,5 cm : 5,5 cm = 35 (Scheiben)

   b) 77 cm + 192,5 cm = 269,5 cm (Gesamtlänge)

7. $\frac{9}{9}-\frac{7}{9}=\frac{2}{9}$; 1260 l · $\frac{2}{9}$ = 280 l (Inhalt des Weinfasses)

   398 Flaschen · 0,7 l = 278,6 l (werden für das Füllen der 398 Weinflaschen benötigt.)

4 Rechnen mit Brüchen und Dezimalbrüchen

1. a) $5{,}7 + \frac{7}{10} + \frac{2}{5} - 6{,}3 = 5{,}7 + 0{,}7 + 0{,}4 - 6{,}3 = 0{,}5$

b) $3\frac{1}{8} + \frac{5}{24} - 0{,}875 + \frac{7}{24} = 3{,}125 - 0{,}875 + \frac{5}{24} + \frac{7}{24} = 2{,}25 + \frac{12}{24} = 2{,}25 + 0{,}5 = 2{,}75$

c) $\frac{5}{6} + 4\frac{1}{4} - 3{,}5 + \frac{1}{6} = \frac{5}{6} + \frac{1}{6} + 4{,}25 - 3{,}5 = 1 + 0{,}75 = 1{,}75$

d) $7\frac{14}{24} - 3{,}75 + \frac{23}{8} - \frac{11}{24} = 7\frac{14}{24} - \frac{38}{24} + \frac{29}{24} - \frac{11}{24} = \frac{138}{24} = 5\frac{18}{24} = 5\frac{3}{4}$

e) $6\frac{1}{2} + \frac{252}{5} - 12{,}8 - \frac{11}{2} = \frac{13}{2} + \frac{127}{5} - \frac{128}{10} - \frac{11}{2} = \frac{13-11}{2} + \frac{254-128}{10} = \frac{2}{2} + \frac{126}{10} =$
$1 + 12{,}6 = 13{,}6$

f) $4\frac{1}{2} - 3\frac{1}{5} + 4{,}2 - 3{,}25 = 4{,}5 - 3{,}2 + 4{,}2 - 3{,}25 = 2{,}25$

g) $0{,}125 + \frac{3}{16} - 0{,}375 + \frac{15}{16} = \frac{3+15}{16} + 0{,}125 - 0{,}375 = \frac{18}{16} - 0{,}25 = 1{,}125 - 0{,}25 = 0{,}875$

h) $12\frac{5}{24} + 3\frac{1}{8} - 4\frac{1}{3} - 7{,}75 = 12\frac{5}{24} + 3\frac{3}{24} - 4\frac{8}{24} - 7\frac{3}{4} = \frac{293}{24} + \frac{75}{24} - \frac{104}{24} - \frac{186}{24} = \frac{78}{24} = 3\frac{6}{24} = 3\frac{1}{4}$

2. Vater: $40\,000\text{ km} \cdot \frac{1}{2} = 20\,000\text{ km}$
Mutter: $40\,000\text{ km} \cdot \frac{3}{8} = 15\,000\text{ km}$
Tochter: $40\,000\text{ km} \cdot 0{,}125 = 5000\text{ km}$
gesamt: 40 000 km

3. A: $2000 \cdot 1{,}5 = 3000$ Punkte
B: $2000 \cdot \frac{4}{5} = 1600$ Punkte
C: $2000 \cdot 1{,}4 = 2800$ Punkte
D: $2000 \cdot 0{,}9 = 1800$ Punkte
E: $2000 \cdot 1\frac{5}{8} = 3250$ Punkte

B Größen

1 Einfache Größen

1.

	a)	b)	c)	d)	e)	f)	g)	h)
kg	0,00375	0,0008029	3,007	0,0000385	1,234567	0,768	0,04296	0,50607
g	3,75	0,8029	3007	0,0385	1234,567	768	42,96	506,07
mg	3750	802,9	3007000	38,5	1 234 567	768000	42960	506 070

2. a) 3,7 kg b) 73150 g c) 1,020 t d) 107050 kg e) 1,3751 kg f) 1735,5 g

3. a) 252 min b) 507 min c) 20 218 s d) 2268 min e) 5257 min f) 33 030 s
g) 1940 min h) 61 430 s

4.

	a)	b)	c)	d)	e)	f)	g)	h)
km	0,108	0,045	0,0658	0,008	0,0407	0,03	0,078495	1,25
m	108	45	65,8	8	40,7	30	78,495	1250
cm	10 800	4500	6580	800	4070	3000	7849,5	125 000

5.

	a)	b)	c)	d)	e)	f)	g)	h)
a	12	500	4,7	3000	212	102,71	20	3,5
m^2	1200	50 000	470	300 000	21 200	10 271	2000	350
ha	0,12	5	0,047	30	2,12	1,0271	0,2	0,035

6. a) 12 000 dm^3 b) 7000 dm^3 c) 512 000 dm^3 d) 2345 dm^3 e) 578 dm^3 f) 5 dm^3
g) 12 642 dm^3 h) 90 180 dm^3

7. a) 0,38 m^3 b) 0,0004 m^3 c) 0,000725 m^3
d) 0,138539 m^3 e) 12,5 m^3 f) 0,099099 m^3
g) 4,583 m^3 h) 102,03040506 m^3

8. a) 1125 l b) 400 l c) 700 l d) 5810,45 l e) 9030 l f) 1700,073 l
g) 29,0006 l h) 2314 l

9. 397 l – (492 · 0,25 l + 300 · 0,33 l) = 397 l – (123 l + 99 l) = 175 l
175 l : 0,7 l/Flasche = 250 Flaschen
492 + 300 + 250 = 1042 Flaschen (werden benötigt.)

10. a) Bemaßte Skizze:

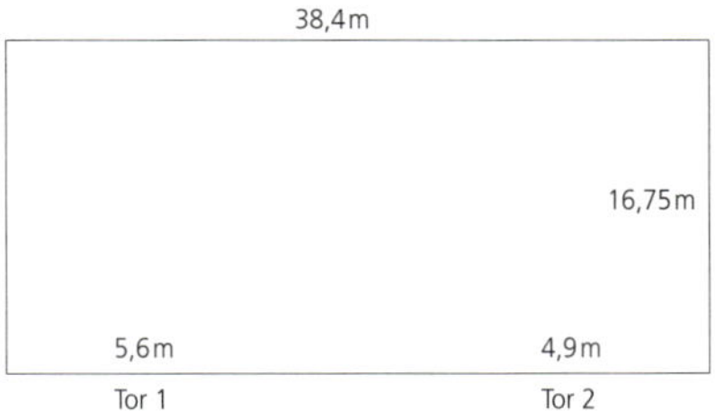

b) (38,4 m + 16,75 m) · 2 – 5,6 m – 4,9 m = 99,8 m
(Zaunlänge)
c) 99,8 m · 39,50 /m = 3942,10 €

11. a) $72\ l : 0{,}4 \frac{l}{Glas}$ = 180 Gläser

b) $180\ Gläser \cdot 2{,}75 \frac{}{Glas}$ = 495,00 €

12. a) 2,7 m · 40,5 m = 109,35 m^2 (Gehsteig)
109,35 m^2 : (0,45 m · 0,45 m) = 540 Stück Platten
b) 540 Stück · 6,95 = 3753,00 € Preis der Platten
c) 2 Tage · 2 Arbeiter · 8 h · 47,55 = 1521,60 € Lohnkosten

13. a) Ein Fünftel von 150 kg sind 30 kg. Somit können 120 kg = 120 000 Orangen verkauft werden.
b) 120 000 g : 1500 g = 80 Netze
c) 150 kg · 0,72 + 36 + 45,60 = 189,60
189,60 : 80 Netze = 2,37 € muss ein Netz Orangen kosten

14. a) 69,525 m^2 : 10,30 m = 6,75 m (Breite des Klassenzimmers)
b) 69,525 m^2 · 3,20 m = 222,48 m^3 (Rauminhalt eines Klassenzimmers)
c) 222,48 m^3 · 3 = 667,44 m^3; 69 525 m^2 · 1,5 = 104,29 m^2
104,29 m^2 · 3,2 m = 330,728 m^3; 667,44 m^3 + 330,728 m^3 = 1001,168 m^3

15. a) 14.25 Uhr – 6.15 Uhr = 8 h 10 min = 490 min
b) 2 · 24 h = 48 h = 2880 min; 490 min + 60 min = 550 min
2880 min : 550 min/Fahrt = 5 Fahrten

16. a) 60 cm b) 3 km c) 69 dm^2 d) 480 cm e) 130 kg f) 9000 s
g) 160 970 dm^3 h) 14 400 s

17. a) 15 m^2 b) 120 cm^3 c) 75 m^3 d) 20 m e) 8 m f) 3,75 mm^2
g) 4,56 cm^2 h) 299

2 Zusammengesetzte Größen

1. 40,32 € : 0,84 €/l = 48 l;
10 l ≙ 100 km
48 l ≙ x km
$x = \frac{48 \cdot 100}{10}$ x = 480 km

2. $16{,}74\ € : 3{,}6\ kg = 4{,}65\ \frac{€}{kg}$
$20{,}75\ € : 5\ kg = 4{,}15\ \frac{€}{kg}$
Das größere Paket ist billiger.

3. 125 · 12 · 0,15 € + 125 · 3 € = 600 € (Rechnungsbetrag)

4. a) 8,50 €/kg · 4 kg = 34 €
8,50 €/kg · 8 kg = 68 €
8,50 €/kg · 10 kg = 85 €
12,50 €/kg · 4 kg = 50 €
12,50 €/kg · 8 kg = 100 €
12,50 €/kg · 10 kg = 125 €

b) 25 € : 8,50 €/kg = 2,941 kg
50 € : 8,50 €/kg = 5,88 kg
100 € : 8,50 €/kg = 11,76 kg
25 € : 12,50 €/kg = 2 kg
50 € : 12,50 €/kg = 4 kg
100 € : 12,50 €/kg = 8 kg

5. 30 € : 2,50 h = 12 €/h (Stundenlohn)

6. 8 h · 12,90 €/h = 103,20 €
24 h · 12,90 €/h = 309,60 €
35,5 h · 12,90 €/h = 443,75 €
40,5 h · 12,90 €/h = 522,45 €
52,33 h · 12,90 €/h = 662,20 €

7. 12 h · 13,28 €/h + 31,82 € = 191,18 € (Gesamtkosten)

8. a) 99 € : 12 h = 8,25 €/h (Stundenlohn);
$52\ h \cdot 8{,}25\ \frac{€}{h} = 429\ €$ (Monatsverdienst)

b) 2 Monate · 160 h · 8,25 €/h + 10 Monate · 52 h · 8,25 €/h = 6930 € (Jahresverdienst)

9. a) 650 km ≙ 1 h
6200 km ≙ x h
$x = \frac{6200 \cdot 1}{650}$ x = 9,538 h
1 h ≙ 60 min
0,538 ≙ x min
$x = \frac{0{,}538 \cdot 60}{1}$ x = 32,28 min
Flugzeit ≈ 9 h 32 min 20 s

b) $6200\ km : 975\ \frac{km}{h} =$
6,359 h = 6 h 21 min 32 s
Flugzeit ≈ 6 h 21 min 32 s

10. 4400 m : 4 m/s = 1100 s (= 18 min 20 s)

11. 66 km/h · 3,25 h = 214,5 km (Strecke in $3\frac{1}{4}$ Stunden).

12. 3105 km : 46 h = 675 km/h
675 km/h : 3,6 = 187 m/s

13. 719,6 km : 205,6 km/h = 3,5 h (Fahrzeit)

14. 5700 km : 2200 km/h = 2,59 h (Flugzeit London – New York)

15. 0,2 km $\triangleq$ 1 s
2160 km $\triangleq$ x s
$x = \frac{2160 \cdot 1}{0,2}$
x = 10 800 s = 1800 min = 3 h (Flugzeit)

C Proportionale Zuordnung

1. a) 4,5 kg $\triangleq$ 6,00 €
36,0 kg $\triangleq$ x €
$x = \frac{36 \cdot 6}{4,5}$ x = 48 €
Der Preis für 36 kg der Ware beträgt 48 €.

4,5 kg $\triangleq$ 6,00 €
2,5 kg $\triangleq$ x €
$x = \frac{2,5 \cdot 6}{4,5}$ x = 3,33 €
Der Preis für 2,5 kg beträgt 3,33 €.

4,5 kg $\triangleq$ 6,00 €
1,5 kg $\triangleq$ x €
$x = \frac{1,5 \cdot 6}{4,5}$ x = 2 €
Der Preis für 1,5 kg beträgt 2 €.

4,5 kg $\triangleq$ 6,00 €
3,6 kg $\triangleq$ x €
$x = \frac{3,6 \cdot 6}{4,5}$ x = 4,80 €
Der Preis für 3,6 kg beträgt 4,80 €.

4,5 kg $\triangleq$ 6,00 €
4,0 kg $\triangleq$ x €
$x = \frac{4 \cdot 6}{4,5}$ x = 5,33 €
Der Preis für 4 kg beträgt 5,33 €.

b) 8,5 l $\triangleq$ 100 km
24,0 l $\triangleq$ x km
$x = \frac{24 \cdot 100}{8,5}$ x = 282,353 km
24 l Benzin reichen für 282,353 km.

8,5 l $\triangleq$ 100 km
15,0 l $\triangleq$ x km
$x = \frac{15 \cdot 100}{8,5}$ x = 176,470 km
15 l Benzin reichen für 176,470 km.

8,5 l $\triangleq$ 100 km
80,0 l $\triangleq$ x km
$x = \frac{80 \cdot 100}{8,5}$ x = 941,176 km
80 l Benzin reichen für 941,176 km.

8,5 l $\triangleq$ 100 km
27,0 l $\triangleq$ x km
$x = \frac{27 \cdot 100}{8,5}$ x = 317,647 km
27 l Benzin reichen für 317,647 km.

2. a) 27,5 m^2 $\triangleq$ 178,75 €
34,8 m^2 $\triangleq$ x €
$x = \frac{178,75 \cdot 34,8}{27,5}$ x = 226,20 €
Das Streichen von 34,8 m^2 kostet 226,33 €.

27,5 m^2 $\triangleq$ 178,75 €
19,4 m^2 $\triangleq$ x €
$x = \frac{178,75 \cdot 19,4}{27,5}$ x = 126,10 €
Das Streichen von 19,4 m^2 kostet 126,10 €.

$27{,}5\ m^2 \mathrel{\hat{=}} 178{,}75\ €$
$47{,}8\ m^2 \mathrel{\hat{=}} x\ €$
$x = \frac{178{,}75 \cdot 47{,}8}{27{,}5}$ $x = 310{,}70\ €$

Das Streichen von 47,8 m^2 kostet 310,70 €

$27{,}5\ m^2 \mathrel{\hat{=}} 178{,}75\ €$
$75{,}0\ m^2 \mathrel{\hat{=}} x\ €$
$x = \frac{178{,}75 \cdot 75}{27{,}5}$ $x = 487{,}50\ €$

Das Streichen von 75,0 m^2 kostet 487,50 €

$27{,}5\ m^2 \mathrel{\hat{=}} 178{,}75\ €$
$118{,}0\ m^2 \mathrel{\hat{=}} x\ €$
$x = \frac{178{,}75 \cdot 118}{27{,}5}$ $x = 767\ €$

Das Streichen von 118,0 m^2 kostet 767 €

b) $1{,}609\ km \mathrel{\hat{=}} 1\ sm$
$75\ km \mathrel{\hat{=}} x\ sm$
$x = \frac{75 \cdot 1}{1{,}609}$ $x = 46{,}613\ sm$

75 km entsprechen 46,613 sm.

$1{,}609\ km \mathrel{\hat{=}} 1\ sm$
$16{,}6\ km \mathrel{\hat{=}} x\ sm$
$x = \frac{16{,}6 \cdot 1}{1{,}609}$ $x = 10{,}317\ sm$

16,6 km entsprechen 10,317 sm

$1{,}609\ km \mathrel{\hat{=}} 1\ sm$
$31{,}8\ km \mathrel{\hat{=}} x\ sm$
$x = \frac{31{,}8 \cdot 1}{1{,}609}$ $x = 19{,}764\ sm$

31,8 km entsprechen 19,764 sm

$1{,}609\ km \mathrel{\hat{=}} 1\ sm$
$57{,}0\ km \mathrel{\hat{=}} x\ sm$
$x = \frac{57 \cdot 1}{1{,}609}$ $x = 35{,}426\ sm$

57,0 km entsprechen 35,426 sm

$1{,}609\ km \mathrel{\hat{=}} 1\ sm$
$112{,}0\ km \mathrel{\hat{=}} x\ sm$
$x = \frac{112 \cdot 1}{1{,}609}$ $x = 69{,}608\ sm$

112,0 km entsprechen 69,608 sm

$1{,}609\ km \mathrel{\hat{=}} 1\ sm$
$40{,}5\ km \mathrel{\hat{=}} x\ sm$
$x = \frac{40{,}5 \cdot 1}{1{,}609}$ $x = 25{,}171\ sm$

40,5 km entsprechen 25,171 sm

3. a)

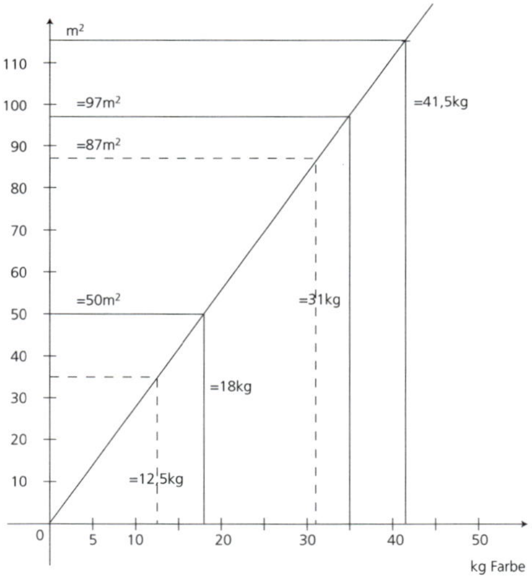

b) Aus der Grafik von a) kann abgelesen werden, dass Fritz mit 35 kg Farbe ungefähr 97,2 m^2 streichen kann.

c) Aus der Grafik kann ebenfalls abgelesen werden:

- Für 35 m^2 werden ungefähr 12,5 kg Farbe benötigt.
- Für 87 m^2 sind ca. 31,3 kg Farbe erforderlich.
- Für 115 m^2 sind es etwa 41,5 kg Farbe.

3. d) 50 m² ≙ 18 kg
35 m² ≙ x kg
$x = \frac{35 \cdot 18}{50}$ x = 12,6 kg

50 m² ≙ 18 kg
87 m² ≙ x kg
$x = \frac{87 \cdot 18}{50}$ x = 31,32 kg

50 m² ≙ 18 kg
115 m² ≙ x kg
$x = \frac{115 \cdot 18}{50}$ x = 41,4 kg

4. Gesamte Wohnfläche: 42 m² + 63 m² + 84 m² = 189 m²

Wohnung **A**:
189 m² ≙ 4734 €
42 m² ≙ x €
$x = \frac{4734 \cdot 42}{189}$ x = 1052 €

Wohnung **B**:
189 m² ≙ 4734 €
63 m² ≙ x €
$x = \frac{4734 \cdot 63}{189}$ x = 1578 €

Wohnung **C**:
189 m² ≙ 4734 €
84 m² ≙ x €
$x = \frac{4734 \cdot 84}{189}$ x = 2104 €

Die Heizkosten teilen sich wie folgt auf:
Wohnung A bezahlt 1052 €, Wohnung B bezahlt 1578 € und Wohnung C 2104 €.

5. a) Gemeinde A: 4950 Einwohner
Gemeinde B: 6050 Einwohner
11 000 Einwohner

11 000 Einwohner ≙ 1 442 000 €
4950 Einwohner ≙ x €
$x = \frac{4950 \cdot 1\,442\,000}{11\,000}$ x = 648 900 €
Gemeinde A muss 648 900 € an den Kosten für die Kläranlage übernehmen.

11 000 Einwohner ≙ 1 442 000 €
6050 Einwohner ≙ x €
$x = \frac{6050 \cdot 1\,442\,000}{11\,000}$ x = 793 100 €
Gemeinde B muss 793 100 € an den Kosten für die Kläranlage übernehmen.

11 000 Einwohner ≙ 1 442 000 €
8800 Einwohner ≙ x €
$x = \frac{8800 \cdot 1\,442\,000}{11\,000}$ x = 1 153 600 €
Gemeinde C muss 1 153 600 € an den Kosten für die Kläranlage übernehmen.

b) Gesamtkosten der Kläranlage:
648 900 € + 793 100 € + 1 153 600 € = 2 595 600 €

6. a) 25 kg K ≙ 21 kg P
1000 kg K ≙ x kg P
$x = \frac{1000 \cdot 21}{25}$
x = 840 kg Pommes frites
Eine Tonne Kartoffeln liefert 840 kg Pommes frites.

b) 840 kg = 840 000 g
840 000 g : 400 g/Paket = 2100 Pakete
Die Menge von 840 kg Pommes frites ergibt 2100 Pakete zu 400 Gramm.

c) 21 kg P ≙ 25 kg K
1000 kg P ≙ x kg K
$x = \frac{1000 \cdot 25}{21}$
x = 1190,48 kg Kartoffeln
Für eine Tonne Pommes frites werden 1190,48 kg Kartoffeln benötigt.

d) 1 t = 1000 kg = 1 000 000 g
1 000 000 g : 400 g/Paket = 2500 Pakete
Eine Tonne Pommes frites ergibt 2500 Pakete zu 400 Gramm.

7. a) Dies ist keine proportionale Zuordnung. Hier wird so gerechnet:

2,5 h ≙ 64 km/h
2 h ≙ x km/h

$x = \frac{64 \cdot 2{,}5}{2}$ x = 80 km/h

Werden für die gleiche Strecke nur 2 Std benötigt, so muss das Auto 80 km/h schnell fahren.

b) $64\ \text{km/h} \cdot 2{,}5\ \text{h} = 64 \cdot 2{,}5\ \frac{\text{km} \cdot \text{h}}{\text{h}} = 160\ \text{km}$

160 km : 60 km/h = 2,66 h (= 2 h 40 min)

Fährt man die Strecke nur mit einer Geschwindigkeit von 60 km/h, so benötigt man dafür 2 Std und 40 min.

8. **Fabrikat A**:

25 m ≙ 17,25 €
1 m ≙ x €

$x = \frac{17{,}25}{25}$ x = 0,69 €/m

Ein Meter Schlauch kostet 0,69 €.

Fabrikat B:

19,00 € – 1,88 € – 4,37 € = 12,75 €

20 m ≙ 12,75 €
1 m ≙ x €

$x = \frac{1 \cdot 12{,}75}{20}$ x = 0,64 €/m

Ein Meter Schlauch kostet 0,64 €.

Fabrikat B ist somit billger als Fabrikat A.

9. 27 Lampen · 4 h = 108 h
40 Lampen · 4,5 h = 180 h

108 h ≙ 4,05 €
180 h ≙ x €

$x = \frac{180 \cdot 4{,}05}{108}$ x = 6,75 €

Brennen 47 Lampen 4,5 Stunden lang, so kostet dies 6,75 €.

10. Preis der Arbeitshefte: 163,05 € – (6,00 € : 2) = 160,05 €

a) 33 Schüler ≙ 160,05 €
27 Schüler ≙ x €

$x = \frac{27 \cdot 160{,}05}{33}$ x = 130,95 €

Für 27 Schüler kosten die Arbeitshefte 130,95 €.

b) 33 Schüler ≙ 160,05 €
30 Schüler ≙ x €

$x = \frac{30 \cdot 160{,}05}{33}$ x = 145,50 € für 33 S

Für 30 Schüler kosten die Arbeitshefte 145,50 €.

c) 33 Schüler ≙ 160,05 €
34 Schüler ≙ x €

$x = \frac{34 \cdot 160{,}05}{33}$ x = 164,90 € für 34 S.

Für 34 Schüler kosten die Arbeitshefte 164,905 €.

11. 60 m ≙ 1350 €
15 m ≙ x €

$x = \frac{1350 \cdot 15}{60}$ x = 337,50 €

15 m Vorhangstoff kosten 337,50 €.
337,50 € + 153,80 € + 97,20 € = 588,50 €

Die Gesamtkosten für Stoff, Vorhangschiene und Arbeitslöhne betragen 588,50 €.

12. a) 600 kg : 0,5 kg = 1200 Gläser

b) 1200 Gläser · 0,25 € = 300 €
Die Gläser für den Bienenhonig kosten 300 €.
3000 € – 300 € = 2700 €
600 kg Bienenhonig kosten 2700 €.

12\. c) 600 kg ≙ 2700 €
350 kg ≙ x €
$x = \frac{350 \cdot 2700}{600}$ x = 1575 €
Der Preis für 350 kg Bienenhonig beträgt 1575 €.

d) 350 kg : 0,5 kg/Glas = 700 Gläser
1575 € + 700 · 0,25 € = 1750 €
Der Preis für 350 kg Bienenhonig mit 500-g-Gläsern beträgt 1750 €.

13\. a) Robert:
1280 € : 4 = 320 € pro Woche
320 € : 40 = 8 € pro Stunde
Robert hat einen Stundenlohn von 8 €.

b) Hans:
1280 € – 65 € = 1215 €
1215 € : 4 = 303,75 € pro Woche
303,75 € : 45 = 6,75 € pro Stunde
Hans hat einen Stundenlohn von 6,75 €.

c) Robert: 8 € · 45 · 4 = 1440 €
Robert hätte mit der Stundenanzahl von Hanz 1440 € verdient.

d) Hans: 6,75 € · 40 · 4 = 1080 €
Hans hätte mit der Stundenanzahl von Robert 1080 € verdient.

D Prozentrechnung

1\. a) 100 % ≙ 285 000 Leser
7 % ≙ x Leser
$x = \frac{285\,000 \cdot 7}{100}$ x = 19 950 Leser
Es kommen 19 950 Leser hinzu.

b) 285 000 L + 19 950 L = 304 950 L
Die Leserschaft beträgt im kommenden Jahr 304 950 Leser.

2\. 16 % ≙ 2883,20 €
100 % ≙ x €
$x = \frac{2883{,}20 \cdot 100}{16}$ x = 18 020 €
Der Wert der Ware betrug 18 020 €.

3\. 98,00 dm^2 ≙ 100 %
8,82 dm^2 ≙ x %
$x = \frac{100 \cdot 8{,}82}{98}$ x = 9 %
Der Abfall beträgt 9 % von der Platte.

4\. a) 6 % ≙ 27,60 €
100 % ≙ x €
$x = \frac{27{,}60 \cdot 100}{6}$ x = 460 €

b) 6 % ≙ 70,80 €
100 % ≙ x €
$x = \frac{70{,}80 \cdot 100}{6}$ x = 1180 €

c) 6 % ≙ 37,53 €
100 % ≙ x €
$x = \frac{37{,}53 \cdot 100}{6}$ x = 625,50 €

d) 6 % ≙ 83,88 €
100 % ≙ x €
$x = \frac{83{,}88 \cdot 100}{6}$ x= 1398 €

5\. Gesamtgewicht: 280,8 kg + 499,2 kg = 780kg
a) 780 kg ≙ 100 %
280,8 kg ≙ x %
$x = \frac{280{,}8 \cdot 100}{780}$ x = 36 %
Der Zinkanteil beträgt 36 %.

b) 780 kg ≙ 100 %
499,2 kg ≙ x %
$x = \frac{499{,}2 \cdot 100}{780}$ x = 64 %
oder: 100 % – 36 % = 64 %
Der Kupferanteil beträgt 64 %.

6\. 100 % ≙ 12 000 €
3 % ≙ x €
$x = \frac{12\,000 \cdot 3}{100}$ x = 360 €
12 000 € – 360 € = 11 600 €
Die Küche kostet nach Abzug des Nachlasses 11 600 €.

100 % ≙ 11 600 €
2 % ≙ x €
$x = \frac{11600 \cdot 2}{100}$ x = 232,80 €
11 640 € – 232,80 € = 11 407,20 €
Die Küche kostet letztendlich 11 407,20 €.

7. 30 % ≙ 12,45 €
100 % ≙ x €
$x = \frac{12{,}45 \cdot 100}{30}$ $x = 41{,}50$ €
Die Reise kostet ohne Preisnachlass 41,50 €.

8. 134 € – 117,92 € = 16,08 €
134 € ≙ 100 %
16,08 € ≙ x %
$x = \frac{100 \cdot 16{,}8}{134}$ $x = 12$ %
Der Preis der Bohrmaschine wurde um 12 % gesenkt.

9. a) und b)

Ort	Stückzahl	Prozentsatz
Fabriklager	12 000	11,5 %
Turin	4800	4,6 %
Köln	36 000	34,5 %
München	30 000	28,7 %
Ingolstadt	21 600	20,7 %
gesamt	104 400	100,0 %

10. 16 % ≙ 10,80 €
116 % ≙ x €
$x = \frac{116 \cdot 10{,}80}{16}$ $x = 78{,}30$ €
Die Hose kostet mit Mehrwertsteuer 78,30 €.

11. a) **Wohnung**:
100 % ≙ 18 400 €
25 % ≙ x €
$x = \frac{18\,400 \cdot 25}{100}$ $x = 4600$ €
Die Wohnung kostete 4600 €.

Versicherung:
100 % ≙ 18 400 €
12,5 % ≙ x €
$x = \frac{18\,400 \cdot 12{,}5}{100}$ $x = 2300$ €
Die Versicherungen kosteten 2300 €.

Lebensunterhalt:
100 % ≙ 18 400 €
57,5 % ≙ x €
$x = \frac{18\,400 \cdot 57{,}5}{100}$ $x = 10\,580$ €
Der Lebensunterhalt kostete 10 580 €.

b) 100 % – 57,5 % – 25 % – 12,5 % = 5 %
oder:
18 400 € – (2300 € + 4600 € + 10 580 €) =
= 920 €
100 % ≙ 18 400 €
5 % ≙ x €
$x = \frac{18\,400 \cdot 5}{100}$ $x = 920$ €
Herr Braun sparte 920 € im letzten Jahr.

12. 3969 € – 3780 € = 189 €
3780 € ≙ 100 %
189 € ≙ x %
$x = \frac{189 \cdot 100}{3780}$ $x = 5$ % Der Kunde zahlte 5 % mehr.

13. a) **Grundwert:**
7,05 % ≙ 130,425
100 % ≙ x
$x = \frac{100 \cdot 130{,}425}{7{,}05}$ x = 1850 Grundwert
Prozentsatz

b) **Prozentsatz:**
938 ≙ 100 %
119,126 ≙ x %
$x = \frac{119{,}126 \cdot 100}{938}$ x = 12,7 %

c) **Prozentwert:**
100 % ≙ 688
14 % ≙ x
$x = \frac{688 \cdot 14}{100}$ x = 96,32 Prozentwert

d) **Grundwert:**
126 % ≙ 6131,16
100 % ≙ x
$x = \frac{6131{,}16 \cdot 100}{126}$ x = 4866 Grundwert

14. 592,92 € – 486 € = 106,92 €

a) 486 € ≙ 100 %
106,92 € ≙ x %
$x = \frac{100 \cdot 106{,}92}{486}$ x = 22 %
Der prozentuale Gewinn beträgt 22 %.

b) 100 % ≙ 592,92 €
22 % ≙ x €
$x = \frac{592{,}92 \cdot 22}{100}$ x = 130,44 €
592,92 € – 130,44 € = 462,48 €
Der Händler hat einen Verlust von 23,52 €.

E Prozentdiagramme

1. a) 48 Pl. + 100 Pl. + 22 Pl. + 30 Pl. = 200 Plätze
Das Weinlokal hat insgesamt 200 Plätze.

b)

Bürgerzimmer:	48 Plätze	≙	24 %
Weinzimmer:	100 Plätze	≙	50 %
Meisterzimmer:	22 Plätze	≙	11 %
Sternzimmer:	30 Plätze	≙	15 %

c) Säulendiagramm

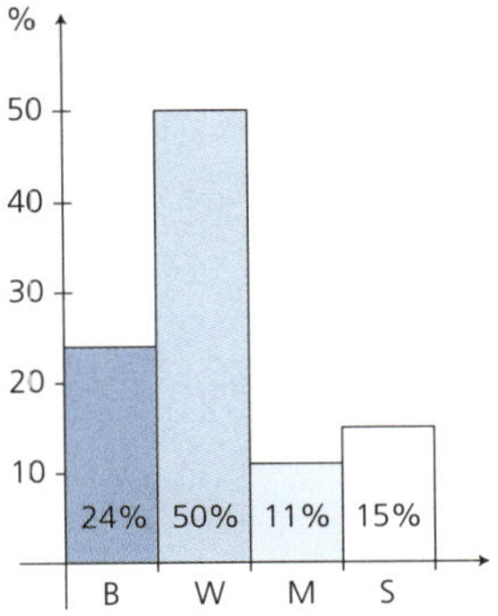

d) Kreisdiagramm

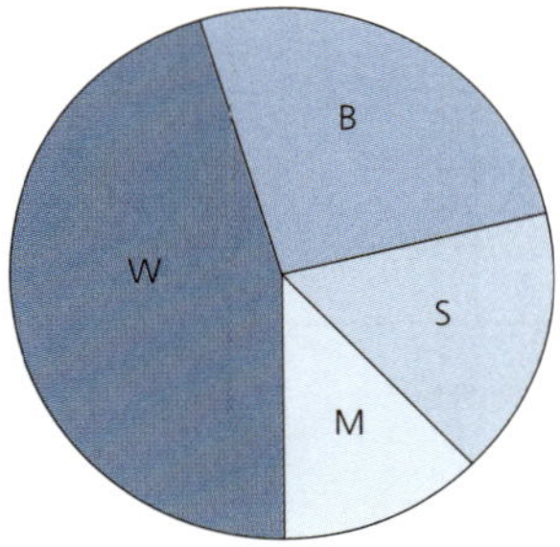

2. a) Rechteckdiagramm

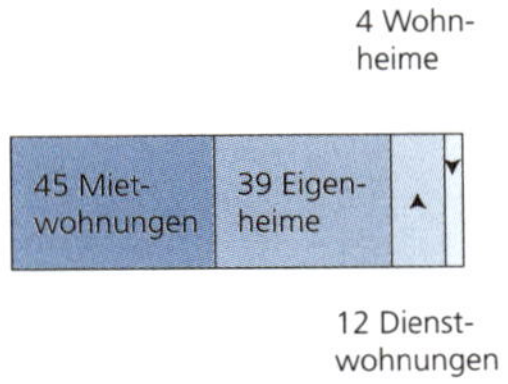

b) Stabdiagramm

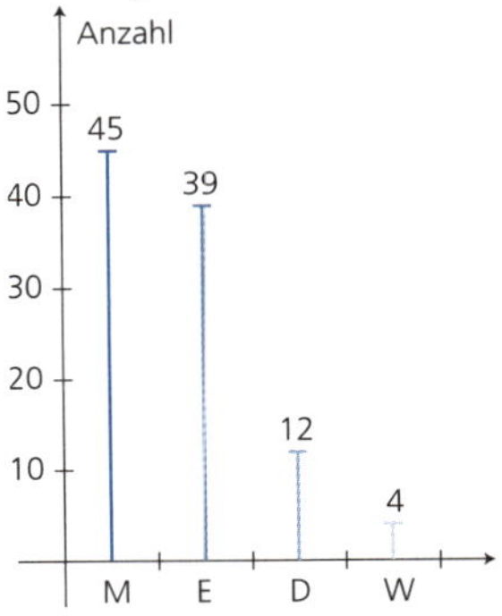

3. a) **Rohöl:**
100 % ≙ 185 t
53 % ≙ x t

$x = \frac{185 \cdot 53}{100}$ x = 98,05 t

Getreide:
100 % ≙ 185 t
7 % ≙ x t

$x = \frac{185 \cdot 7}{100}$ x = 12,95 t

Eisenerz:
100 % ≙ 185 t
20 % ≙ x t

$x = \frac{185 \cdot 20}{100}$ x = 37 t

Kohle:
100 % ≙ 185 t
8 % ≙ x t

$x = \frac{185 \cdot 8}{100}$ x = 14,8 t

Sonstige Fracht:
100 % ≙ 185 t
12 % ≙ x t

$x = \frac{185 \cdot 12}{100}$ x = 22,2 t

b) Kreisdiagramm

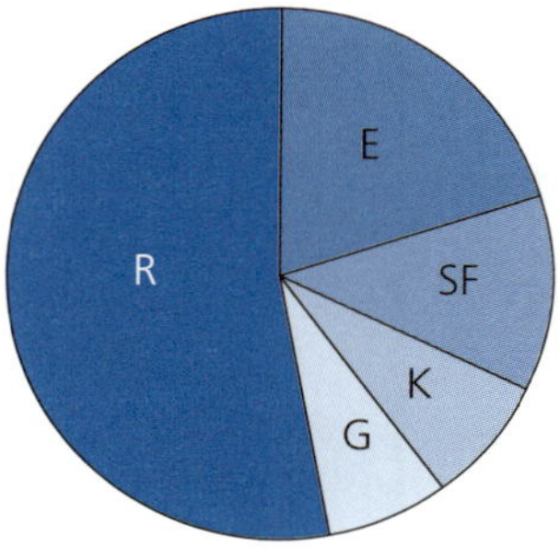

4. a) und b)

Note	Anzahl absolut	Anzahl relativ (%)
1	5	20
2	4	16
3	7	28
4	3	12
5	2	8
6	4	16
gesamt	25	100

c) Kreisdiagramm

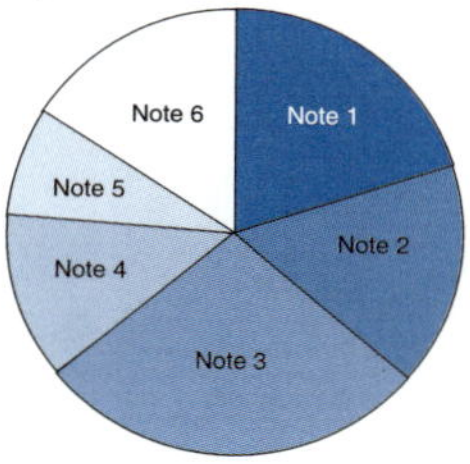

d) Säulendiagramm

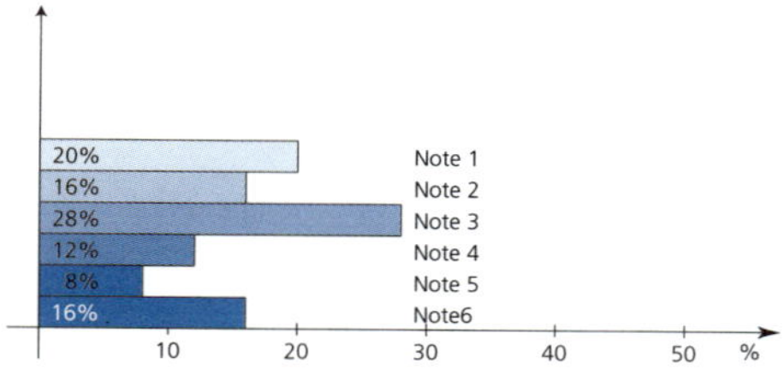

5. a)

Bereiche	€	%
Wohnen	392,–	28
Nahrung und Kleidung	560,–	40
Fahrtkosten	98,–	7
Sonstiges und Rücklagen	350,–	25 %

b) Kreisdiagramm

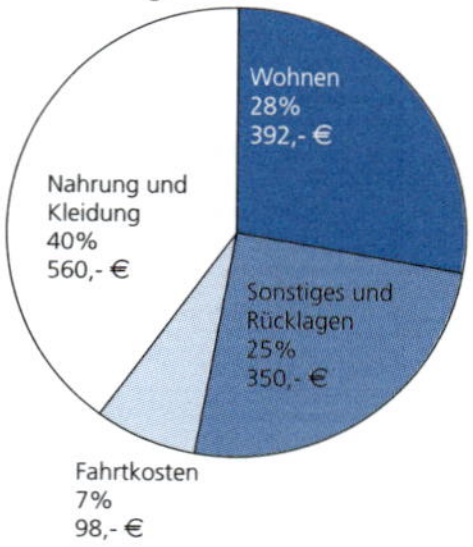

6. a) Prozentualer Anteil der Jugendlichen ohne Schulabschluss:
100 % – 38 % – 23 % – 17 % –14 % = 8 %

b) Anzahl der Jugendlichen ohne Schulabschluss:
100 % ≙ 134 400 Schüler
8 % ≙ x Schüler
$x = \frac{134\,400 \cdot 8}{100}$
x = 10 752 Schüler ohne Schulabschluss

c)

Schüler mit Hauptschulabschluss:	38 %	≙	51 072
Schüler mit Realschulabschluss:	23 %	≙	30 912
Schüler mit Hochschulreife:	17 %	≙	22 848
Schüler mit sonstige Abschlüssen:	14 %	≙	18 816
Schüler ohne Schulabschluss:	8 %	≙	10 752

d) Kreisdiagramm

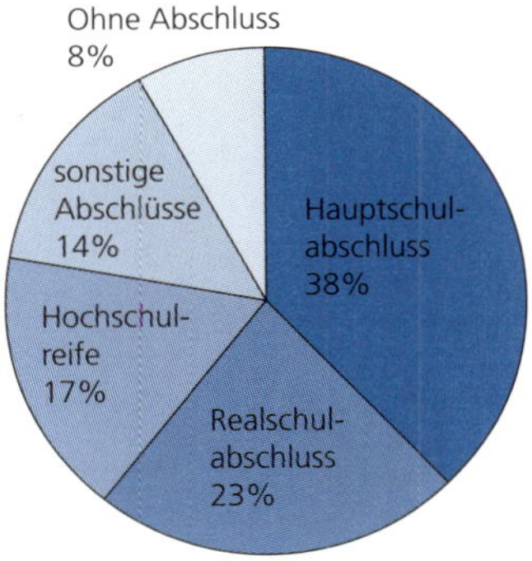

F Sachaufgaben mit Prozenten

1. a) Gesamtaufwand:
113,– € + 67,50 € + 34,– € + 54,– € + 74,50 € = 343,– €

Kochen und Abwaschen:
343,– € ≙ 100 %
113,– € ≙ x %
$x = \frac{113 \cdot 100}{343}$ x = 33 %

Waschen, Bügeln, Nähen:
343,– € ≙ 100 %
34,– € ≙ x %
$x = \frac{34 \cdot 100}{343}$ x = 10 %

Putzen:
343,— € ≙ 100 %
67,50 € ≙ x %
$x = \frac{67{,}50 \cdot 100}{343}$ x = 20 %

Kinderbetreuung:
343,– € ≙ 100 %
54,– € ≙ x %
$x = \frac{54 \cdot 100}{343}$ x = 16 %

Einkaufen:
343,— € ≙ 100 %
74,50 € ≙ x %
$x = \frac{74{,}50 \cdot 100}{343}$ x = 22 %

b) Kreisdiagramm
Beispielansatz:
100 % ≙ 360°
20 % ≙ x°
$x = \frac{20 \cdot 360}{100}$ x = 72°

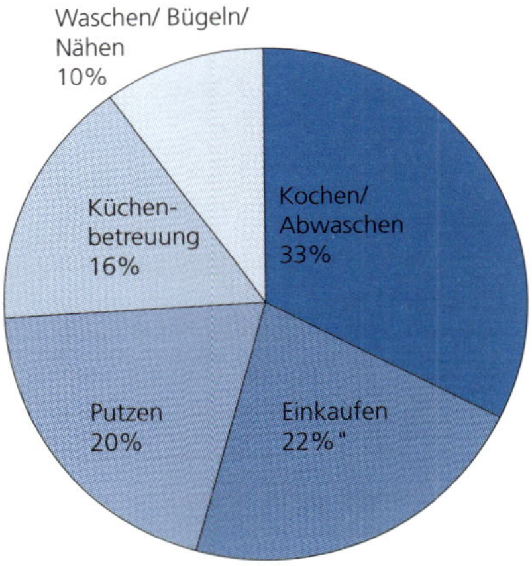

2. a) Gesamtverbrauch:
94,5 kg Obst pro Person

b) **Bananen**:
94,5 kg ≙ 100 %
13,0 kg ≙ x %
$x = \frac{13 \cdot 100}{94{,}5}$ x = 13,76 %

2. c) **Äpfel**:
Pro-Kopf-Verbrauch im Monat (allgemein):
16,5 kg Äpfel : 12 = 1,375 kg Äpfel
Pro-Kopf-Verbrauch im Monat (Weber):
6,6 kg Äpfel : 4 = 1,65 kg Äpfel
1,375 kg ≙ 100 %
1,650 kg ≙ x %
$x = \frac{1{,}65 \cdot 100}{1{,}375}$ x = 120 %
120 % – 100 % = 20 %
Familie Weber liegt beim Apfelverbrauch pro Person 20 % über dem Durchschnitt.

d) Kreisdiagramm
(dargestellt mit einem Radius von r = 2,5 cm.)

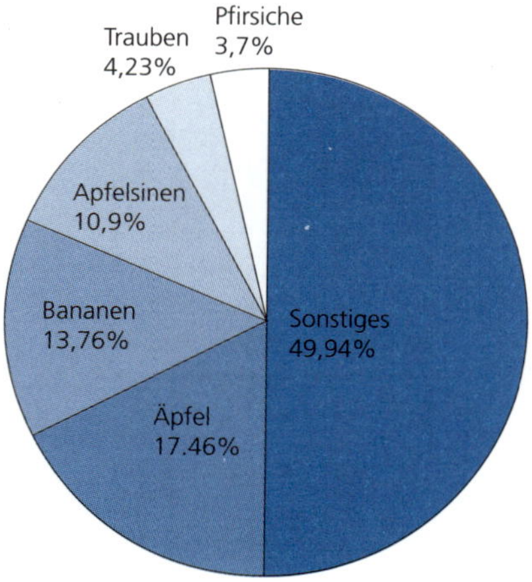

3. a) **Versandhandel**:

Versandhandel:	685,— €
– 2 % Skonto:	13,70 €
ergibt:	671,30 €
+ 1,5 % Verpackung:	10,07 €
ergibt Endpreis	681,37 €

b) **Fachhandel**:

Fachhandel:	680,— €
+ Zubehör:	15,— €
ergibt:	695,— €
– 3 % Nachlass:	20,85 €
Endpreis:	674,15 €

c) Differenz: 7,22 €
681,37 € ≙ 100 %
7,22 € ≙ x %
$x = \frac{7{,}22 \cdot 100}{681{,}37}$ x = 1,06 % Der Fachhandel ist um 1,06 % günstiger.

4. a) Kupfer: 65 % Zink: 35 %
65 % ≙ 1,170 kg
35 % ≙ x kg
$x = \frac{1{,}170 \cdot 35}{65}$ x = 0,63 kg

b) Gesamtgewicht: der Schale:
1,170 kg + 0,630 kg = 1,800 kg

5. a) Kreisdiagramm
(dargestellt mit einem Radius von r = 2,5 cm.)
Beispielansatz:
100 % ≙ 360°
36 % ≙ x°

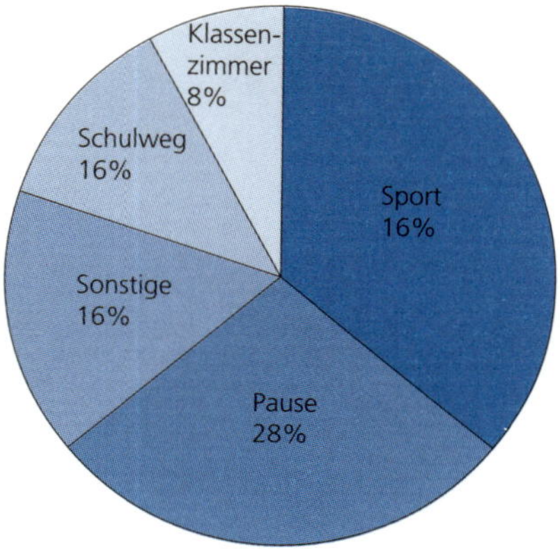

b) **Sport**:
100 % ≙ 425 Unfälle
36 % ≙ x Unfälle
$x = \frac{425 \cdot 36}{100}$ x = 153 Sportunfälle

Pause:
100 % ≙ 425 Unfälle
28 % ≙ x Unfälle
$x = \frac{425 \cdot 28}{100}$ x = 119 Pausenunfälle

Klassenzimmer:
100 % ≙ 425 Unfälle
8 % ≙ x Unfälle
$x = \frac{425 \cdot 8}{100}$ x = 34 Unfälle im Klassenzimmer

Schulweg:
100 % ≙ 425 Unfälle
12 ≙ x Unfälle
$x = \frac{425 \cdot 12}{100}$ x = 51 Unfälle auf dem Schulweg

Sonstige:
100,0 % ≙ 425 Unfälle
16 ≙ Unfälle
$x = \frac{425 \cdot 16}{100}$ x = 68 sonstige Unfälle

5. c) 457 – 425 = 32

96/97: 457 ≙ 100 %

97/98: 32 weniger ≙ x %

$x = \frac{32 \cdot 100}{457}$ x = 7 %

Die Unfallquote ging um 7 % zurück.

d)

Schuljahr:	96/97	97/98
Zahl der Schüler (100 %):	6539	6759
Zahl der Unfälle:	457	425
prozentualer Anteil:	6,99 %	6,29 %

6. a) Barzahlung: 420 € ≙ 100 %

Ratenkauf: 483 € ≙ x %

$x = \frac{483 \cdot 100}{420}$ x = 115 %

Der Preisaufschlag beim Ratenkauf beträgt 15 %

b) Barzahlung: 100 % ≙ 420 €

Rabatt: 97 % ≙ x €

$x = \frac{97 \cdot 420}{100}$ x = 407,40 €

Preis: 407,40 €

Differenz: 483,– € – 407,40 € = 75,60 €

7. a)

	Braunkohle Steinkohle	Heizöl Gas	Kern-energie	Wasser Sonstige	Gesamt
Stromerzeugung in Mio kWh	10 983,63	3471,51	33 064,71	9390,15	56 910,0
Prozentsatz	19,3 %	6,1 %	58,1 %	16,5 %	100,0 %

Beispielansatz:

19,3 % ≙ 10 983,63 Mio kWh

100 % ≙ x Mio kWh

$x = \frac{100 \cdot 10\,983{,}63}{19{,}3}$ x = 56 910 Mio kWh

b) Kreisdiagramm

(dargestellt mit einem Radius von r = 2,5 cm).

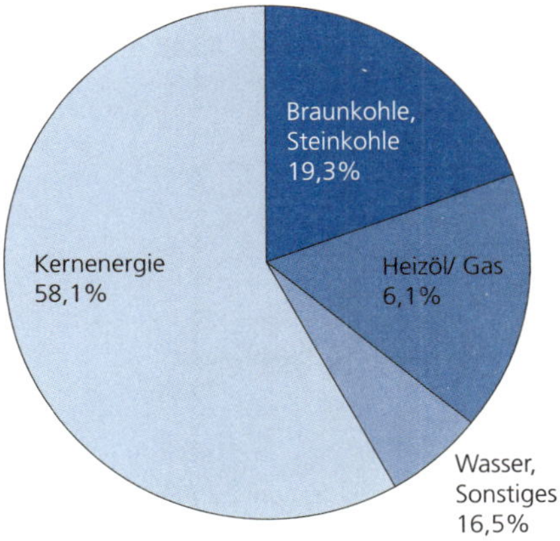

8. a) $108\frac{1}{3}$ % ≙ 232 199 €

100 % ≙ x €

$x = \frac{232\,199 \cdot 100}{108{,}333}$ x = 214 338 €

Der Vorjahresumsatz betrug 214 338 €.

b) 232 199,– € – 214 338 € = 17 861 €

Die Umsatzsteigerung betrug 17 861 €.

9. a)

Klasse	Klassenstärke	Anzahl der Teilnehmer	Teilnehmer in %
9a	25	14	56 %
9b	24	15	62,5 %
9c	25	11	44 %

b) Summe aller Teilnehmer: 40 Schüler
Gesamtzahl: 40 Schüler ≙ 100 %
nicht bestanden: 2 Schüler ≙ x %
$x = \frac{2 \cdot 100}{40}$ x = 5 %
5 % der Teilnehmer haben die Prüfung nicht bestanden.

10. a) Autopreis: 16 450,– €
nach 1. Jahr: 16 450,– € + 1,7 % → 16 729,65 € = 16 730 €
nach 2. Jahr: 16 730,– € + 1,7 % → 17 014,41 € = 17 014 €
nach 3. Jahr: 17 014,– € + 1,7 % → 17 303,24 € = 17 303 €
nach 4. Jahr: 17 303,– € + 1,7 % → 17 597,15 € = 17 597 €

b) Rückgabe altes Auto zu 38 % von 16 450 €: 6251,– €
Restpreis für den Neuwagen: 12 000,– €

11. a) Nachfüllung:
80 % ≙ 4800 l
100 % ≙ x l
$x = \frac{4800 \cdot 100}{80}$ x = 6000 l

b) maximale Füllmenge:
95 % = 5700 l
Nachfüllung: 5700 l – 1200 l = 4500 l

c) Preis für 4500 l: 1566,– €
Preis für 1 l: 0,348 €
Preis für 1 l mit Mehrwertsteuer:
116 % ≙ 0,348 €
Preis für 1 l ohne Mehrwertsteuer:
100 % ≙ x €
$x = \frac{0{,}348 \cdot 100}{116}$ x = 0,30 €
Der Liter Heizöl kostet 0,30 € ohne Mehrwertsteuer.

d) Preis für 100 l Heizöl im Vorjahr: 37,50 €
Preis für 1 l Heizöl im Vorjahr: 0,375 €
Differenz pro Liter: 0,075 €
Vorjahr: 0,375 € ≙ 100 %
Differenz: 0,075 € ≙ x %
$x = \frac{0{,}075 \cdot 100}{0{,}375}$ x = 20 %
Der Heizölpreis fiel um 20 %.

12. a) Gesamteinkommen: 2280 € ≙ 100 %
Nahrung/Körperpflege: 480 € ≙ x %
$x = \frac{480 \cdot 100}{2280}$ x = 21,1 %
Gesamteinkommen: 2280 € ≙ 100 %
Wohnen: 580 € ≙ x %
$x = \frac{580 \cdot 100}{2280}$ x = 25,4 %
Gesamteinkommen: 2280 € ≙ 100 %
Bekleidung: 200 € ≙ x %
$x = \frac{200 \cdot 100}{2280}$ x = 8,8 %

b) **Auto/Verkehrsmittel:**
108 % ≙ 280 €
… im Vorjahr: 100 % ≙ x €
$x = \frac{280 \cdot 100}{108}$ x = 259,26 €

c) **Sparbetrag im Jahr:**
320 € · 12 ≙ 3840 €
Urlaubsgeld: 100 % ≙ 3840 €
45 % ≙ x €
$x = \frac{3840 \cdot 45}{100}$ x = 1728 €
Für den Urlaub wendet Familie Müller 1728 € auf.

13\. a) Gesamtpreis: 100 % ≙ 4890 €
Nachlass: 97 % ≙ x €

$x = \frac{97 \cdot 4890}{100}$ x = 4743,30 €

Kaufpreis der Küche im Einrichtungshaus: 4743,30 €.

b) Großmarkt: 100 % ≙ 4047,– €
Mehrwertsteuer: 116 % ≙ x €

$x = \frac{116 \cdot 4047}{100}$ x = 4694,52 €

Kaufpreis der Küche im Großmarkt: 4694,52 €.

c) Differenz: 48,78 €
Einrichtungshaus: 4743,30 € ≙ 100 %
Differenz: 48,78 € ≙ x %

$x = \frac{48,78 \cdot 100}{4743,3}$ x = 1 % gerundet

d) Einkaufspreis: 3251,07 € ≙ 100 %
795,93 € ≙ x %

$x = \frac{795,93 \cdot 100}{3251,07}$ x = 24,48 % ≈ 25 %

Gewinnanteil: 25 %

14\. a) Endpreis: 97,5 % ≙ 643,50 €
Zwischenpreis: 100 % ≙ x €

$x = \frac{643,50 \cdot 100}{97,5}$ x = 660,– €

b) Zwischenpreis: 75 % ≙ 660 €
Ausgangspreis: 100 % ≙ x €

$x = \frac{660 \cdot 100}{75}$ x = 880,– €

Die Filmkamera kostete anfangs 880,– €.

b) 1. Preissenkung: 880,– € – 660,– € = 220,– €
2. Preissenkung: 660,– € – 643,50 € = 16,50 €

15\. Überweisungsbetrag: 98 % ≙ 1297,07 €
Zwischenbetrag: 100 % ≙ x € $x = \frac{1297,07 \cdot 100}{98}$ x = 1323,54 €
Zwischenbetrag: 90 % ≙ 1323,54 €
Rechnungsbetrag: 100 % ≙ x € $x = \frac{1323,54 \cdot 100}{90}$ x = 1470,60 €

Der ursprüngliche Rechnungsbetrag betrug 1470,60 €.

16\. a) Bruttolohn: 100 % ≙ 1472,20 €
Lohnsteuer: 14,9 % ≙ x €

$x = \frac{1472,20 \cdot 14,9}{100}$ x = 219,36 € (Lohnsteuerbetrag)

b) Lohnsteuer: 100 % ≙ 219,36 €
Kirchensteuer: 8 % ≙ x €

$x = \frac{219,36 \cdot 8}{100}$ x = 17,55 € (Kirchensteuerbetrag)

c) **Nettoverdienst:**
1472,20 € – 219,36 € – 17,55 € – 263,62 € = 971,67 €
Der Nettoverdienst beträgt 971,67 €.

d) Bruttolohn: 100 % ≙ 1472,20 €
Krankenversicherung: 5,9 % ≙ x €

$x = \frac{1472,20 \cdot 5,9}{100}$ x = 86,86 € (Krankenversicherung)

Arbeitslosenversicherung: 3,15 % ≙ x €

$x = \frac{1472,20 \cdot 3,15}{100}$ x = 46,37 € (Arbeitslosenversicherung)

263,62 € – 86,86 € – 46,37 € = 130,39 € (Renten- und Pflegeversicherung)

e) Bruttolohn: 1472,20 € ≙ 100 %
Renten- und Pflegeversicherung: 130,39 € ≙ x %

$x = \frac{130,39 \cdot 100}{1472,20}$ x = 8,86 %

Die Renten- und Pflegeversicherung beträgt 8,86 % vom Bruttolohn.

17. a) wahlberechtigte Bürger: 100 % ≙ 4800 Bürger
Wahlteilnehmer: 70 % ≙ x Bürger
$x = \frac{4800 \cdot 70}{100}$ $x = 3360$
Es nahmen 3360 Bürger an der Wahl teil.

b) Anzahl der ungültigen Stimmen:
3360 TN – 1350 für A – 750 für B – 1100 für C = 160 (ungültige Stimmen)

c) gültige Stimmen: 3200 Wahlteilnehmer ≙ 100 %
Kandidat A: 1350 Stimmen ≙ x %
$x = \frac{1350 \cdot 100}{3200}$ x = 42,2 % für Kandidat A

3200 Wahlteilnehmer ≙ 100 %
Kandidat B: 750 Stimmen ≙ x %
$x = \frac{750 \cdot 100}{3200}$ x = 23,4 % für Kandidat B

3200 Wahlteilnehmer ≙ 100 %
Kandidat C: 1100 Stimmen ≙ x %
$x = \frac{1100 \cdot 100}{3200}$ x = 34,4 % für Kandidat C

d) Wahlberechtigte Bürger vor 6 Jahren: 5100 Wahlberechtigte ≙ 100 %
Wahlteilnehmer: 3825 Wahlberechtigte ≙ x %
$x = \frac{3825 \cdot 100}{5100}$ x = 75 %
Vor 6 Jahren lag die Wahlbeteiligung bei 75 %.

18. a) Grundschule + Hauptschule: 295 Schüler
Mädchen Hauptschule: 49,5 % ≙ 99 Schülerinnen
Jungen Hauptschule: 50,5 % ≙ x Schüler
$x = \frac{99 \cdot 50{,}5}{49{,}5}$ x = 101 Jungen an der Hauptschule

b) Schüler in der Grundschule: 295 – (101 + 99) = 95
Grundschüler: 95 Schüler ≙ 100 %
Mädchen Grundschule: 51 Schülerinnen ≙ x %
$x = \frac{51 \cdot 100}{95}$ x = 53,7 %
Es sind 53,7 % Mädchen in der Grundschule.

c) Jungen: 101 + 44 = 145 Schüler
Grund- und Hauptschule: 295 Schüler ≙ 100 %
Jungen: 145 Schüler ≙ x %
$x = \frac{145 \cdot 100}{295}$ x = 49,2 % Jungen insgesamt
100 % – 49,2 % = 50,8 % Mädchen insgesamt.

19. a) **1. Angebot:**
525 € + 200 € + 125 € + 550 € = 1400 €
100 % ≙ 1400 €
80 % ≙ x € $x = \frac{1400 \cdot 80}{100}$ x = 1120 €
Kaufpreis beim 1. Angebot: 1120 €

b) **2. Angebot:**
Preisnachlass in €: 1190 € – 1154,30 € = 35,70 €
Preisnachlass in %: 1190 € ≙ 100 %
35,70 € ≙ x %
$x = \frac{35{,}70 \cdot 100}{1190}$ x = 3 %
Rabatt in Prozent: 3 %

19. c) Preisunterschied in €: 1154,30 € – 1120 € = 34,30 €
Ersparnis in %: 1154,30 € ≙ 100 %
34,30 € ≙ x %

$x = \frac{34{,}30 \cdot 100}{1154{,}30}$ x = 2,97 %

Durch das günstigere Angebot können 2,97 % gespart werden.

20. a) Summe der Sozialversicherungen in Prozent: 41,3 %
davon die Hälfte für Herrn Böse: 20,65 %
Brutto-Jahreslohn: 100 % ≙ 18 012 €
Sozialversicherungen: 20,65 % ≙ x €

$x = \frac{18\,012 \cdot 20{,}65}{100}$ x = 3719,48 €

monatlicher Sozialversicherungsbeitrag: 3719,48 € : 12 = 309,96 €

b) **Nettolohn:**
18 012 € – 3719,48 € – 2725,50 € – 218,04 € = 11 348,98 €
monatlicher Nettolohn: 11 348,98 € : 12 = 5674,49 €

c) **Nettolohn (verheiratet):**
18 012 € – 3719,48 € – 1564,– € – 125,12 € = 12 603,40 €
monatlicher Nettolohn (verheiratet): 12 603,40 € : 12 = 1050,28 €

d) Bruttolohn: 18 012 € ≙ 100 %
Lohnsteuer unverheiratet: 2725,50 € ≙ x %

$x = \frac{2725{,}50 \cdot 100}{18\,012}$ x = 15,13 % (Lohnsteuer unverheiratet)

Lohnsteuer verheiratet: 1564,– € ≙ x %

$x = \frac{1564 \cdot 100}{18\,012}$ x = 8,68 % (Lohnsteuer verheiratet)

21. Endpreis: 116 % ≙ 80,04 €
Nettopreis: 100 % ≙ x €

$x = \frac{80{,}04 \cdot 100}{116}$ x = 69,– €

Einkaufspreis: 100 % ≙ 50 €
Geschäftskosten: 15 % ≙ x €

$x = \frac{50 \cdot 15}{100}$ x = 7,50 €

Gewinn: 69,– € – 50,– € – 7,50 € = 11,50 €

22. a) Vergleich 1997 zu 1998:
Anzahl Sportunfälle 97: 30
Anzahl Sportunfälle 98: 40
Die Sportunfälle 1997 verhalten sich zu denen von 1998 wie 30 : 40. Auf das kleinstmöglich ganzzahlige Verhältnis gekürzt, ergibt dies:
Sie verhalten sich wie 3 : 4.

b) Unfälle Schulhof 1997: 15
Sportunfälle 1997: 30
Die Unfälle im Schulhof verhalten sich zu den Sportunfällen im Jahr 1997 wie 15 : 30. Auf das kleinstmögliche ganzzahlige Verhältnis gekürzt, ergibt dies: Sie verhalten sich wie 1 : 2.

c) Kreisdiagramm
(dargestellt mit einem Radius von r = 2,5 cm)

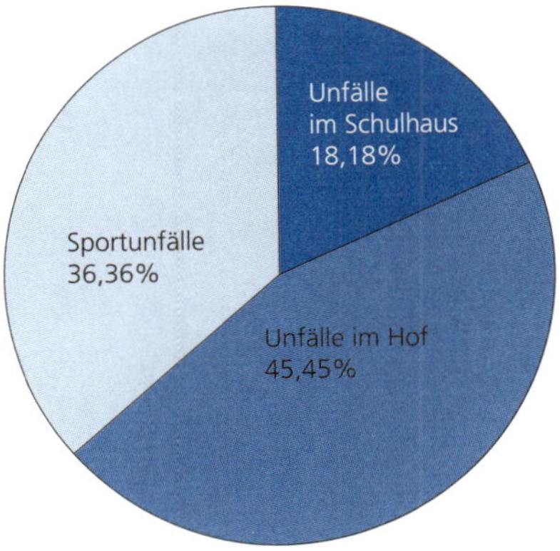

23. a) Einkauf Transporter:
6000 € ≙ 100 %
Verkauf: 6720 € ≙ x %

$x = \frac{6720 \cdot 100}{6000}$ x = 112 %

Der Gewinn beim Verkauf des Transporters beträgt 12 %.

23. b) Einkauf PKW: 3300,– €
Kosten: 795,24 €
Gesamtkosten:
100 % ≙ 4095,25 €
Gewinn: 5 % ≙ x €
$x = \frac{4095{,}25 \cdot 5}{100}$ x = 204,76 €
Verkaufspreis PKW:
3300 € + 795,24 € + 204,76 € = 4300 €
c) Gesamteinnahmen: 6720,– € + 4300 € = 11 020 €
Gesamtausgaben: 6000,– € + 3300 € + 795,24 € = 10 095,24 €
Gewinn: 11 020 € – 10 095,24 € = 924,76 €
Selbstkostenpreis: 10 095,24 € ≙ 100 %
Gewinn: 924,77 € ≙ x %
$x = \frac{924{,}77 \cdot 100}{10\,095{,}24}$ x = 9,16 %
Der Gewinn beträgt 9,16 % vom Selbstkostenpreis.

24. a) Südfrüchte: 100 % ≙ 25 500 €
Geschäftskosten: 7 % ≙ x €
$x = \frac{25\,500 \cdot 7}{100}$ x = 1785,– €
Selbstkostenpreis: 25 500,– € + 1785,– € = 27 285,– €
b) $\frac{3}{5}$ von 27 285 € sind 16 371 €.
100 % ≙ 16 371 €
Gewinn: 29 % ≙ x €
$x = \frac{16\,371 \cdot 29}{100}$ x = 4747,59 €
$\frac{1}{3}$ von 27 285 € sind 9095 €.
100 % ≙ 9095 €
Gewinn: 18 % ≙ x €
$x = \frac{9095 \cdot 18}{100}$ x = 1637,10 €
(Rest) 27 285 € – 16 371 € – 9095 € = 1819 €
100 % ≙ 1819 €
Verlust: 6 % ≙ x €
$x = \frac{1819 \cdot 6}{100}$ x = 109,14 €
Gesamteinnahme:
16 371 € + 4747,59 € + 9095 € + 1637,10 € + 1819 € – 109,14 € = 33 560,55 €
Reingewinn: 33 560,55 € – 27 285 € = 6275,55 €
c) Selbstkostenpreis: 27 285,– € ≙ 100 %
Reingewinn: 6275,55 € ≙ x %
$x = \frac{6275{,}55 \cdot 100}{27\,285}$ x = 23 %
Der Reingewinn beträgt 23 %.

25. a) Lohn im 2. Ausbildungsjahr: 332,50 €
– Lohnsteuer: 4,45 €
– Kirchensteuer: 4,45 € · 8 % → 0,36 €
– Sozialversicherungsbeiträge (zur Hälfte): 332,50 · 34,5 % → 114,71 € : 2 = 57,36 €
ergibt: 270,33 €
Der Nettolohn beträgt 270,33 €.

25\. b) Lohn im 2. Ausbildungsjahr: 112 % ≙ 332,50 €
Lohn im 1. Ausbildungsjahr: 100 % ≙ x €

$x = \frac{332{,}50 \cdot 100}{112}$ $x = 296{,}88$ €

Lohn im 1. Ausbildungsjahr: 296,88 €
– Lohnsteuer: 0,– €
– Kirchensteuer: 0,– €
– Sozialversicherungsbeiträge (zur Hälfte): 51,21 €
ergibt: 245,67 €
Der Nettolohn im 1. Ausbildungsjahr betrug 245,67 €.

c) Nettolohn im 1. Ausbildungsjahr: 245,67 € ≙ 100 %
Nettolohn im 2. Ausbildungsjahr: 270,33 € ≙ x %

$x = \frac{270{,}33 \cdot 100}{245{,}67}$ $x = 110{,}04$ %

Der Nettolohn stieg um 10,04 %.

26\. a) **Angebot A:**
Barzahlung nach
Skonto-Abzug: 679,– € ≙ 97 %
Normalpreis: x € ≙ 100 %

$x = \frac{679 \cdot 100}{97}$ $x = 700$ €

Der Normalpreis beim Angebot A beträgt 700,– €.

b) **Angebot B:**
150,– € + 12 ? 49,– € = 738,– €
738,– € – 679,– € = 59,– €
Die Preisdifferenz beträgt 59,– €.
Barzahlungspreis: 679,– € ≙ 100 %
Differenz: 59,– € ≙ x %

$x = \frac{59 \cdot 100}{679}$ $x = 8{,}7$ %

Der Preisunterschied beträgt 8,7 %.

27\. a) Vermögen der 10 – 12-Jährigen:
1,75 Milliarden €

b) Kreisdiagramm
(dargestellt mit einem Radius von r = 2,5 cm.)

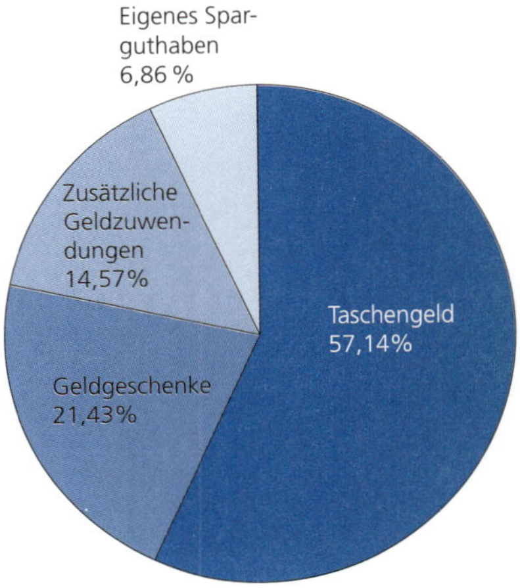

c) Vermögen der 13 – 15-Jährigen: 2,95 Mrd €
Vermögen der 7 – 9-Jährigen: 1,05 Mrd €
2,95 Mrd € ≙ x %
1,05 Mrd € ≙ 100 %

$x = \frac{2{,}95 \cdot 100}{1{,}05}$ $x = 281{,}0$ %

Das Vermögen liegt um 181,0 % höher.

28\. a) Einkaufspreis: 100 % ≙ 13 500 €
Geschäftskosten: 16 % ≙ x €

$x = \frac{13\,500 \cdot 16}{100}$ $x = 2160$ €

Selbstkostenpreis: 13 500 € + 2160 € = 15 660 €
Gewinn vom Selbstkostenpreis: 100 % ≙ 15 660 €
15 % ≙ x €

$x = \frac{15\,660 \cdot 15}{100}$ $x = 2349$ €

Verkaufspreis: 15 660 € + 2349 € = 18 009 €
Verkaufspreis des Einzelstücks: 18 009 € : 75 = 240,12 €

28. b) Einzeleinkaufspreis: 180,– €
Geschäftskosten: 28,80 €
Selbstkosten: 208,80 €
Verlust: 208,80 € – 199 € = 9,80 € pro Stück

c) Anfangspreis: 240,12 € ≙ 100 %
Endpreis: 199,– € ≙ x %
$x = \frac{199 \cdot 100}{240,12}$ x = 82,88 %
Preisreduzierung: 100 % – 82,88 % = 17,12 %

29. a) Einkaufspreis: 100 % ≙ 800 €
Geschäfstkosten: 8 % ≙ x €
$x = \frac{800 \cdot 8}{100}$ x = 64 €
Selbstkostenpreis: 100 % ≙ 864 €
Gewinn: 40 % ≙ x €
$x = \frac{864 \cdot 40}{100}$ x = 345,60 €
Nettoverkaufspreis: 864 € + 345,60 € =1209,60 €
100 % ≙ 1209,60
Mehrwertsteuer: 16 % ≙ x €
$x = \frac{16 \cdot 1209,60}{100}$ x = 193,54 €
Brutto-Verkaufspreis: 1209,60 € + 193,54 € = 1403,14 €

b) Mängelware: 116 % ≙ 1000 €
Nettopreis: 100 % ≙ x €
$x = \frac{1000 \cdot 100}{116}$ x = 862,07 €
Gewinn gegenüber dem Einkaufspreis: 62,07 €
Verlust gegenüber dem Selbstkostenpreis: 1,93 €

30. a) Gesamtverbrauch einer Person pro Tag: 232,5 Liter Wasser

b) Familie Schwarz Geschirrspülen: 49 l : 4 = 12,25 l pro Person
normales Geschirrspülen: 17,5 l ≙ 100 %
1 Person der Familie Schwarz: 12,25 l ≙ x %
$x = \frac{12,25 \cdot 100}{17,5}$ x = 70 %
Familie Schwarz liegt pro Person um 30 % unter dem Durchschnitt.

30. c) Durchschnitt im Baden/Duschen: 85,0 l ≙ 100 %
Stefanie: x l ≙ 80 %
$x = \frac{85,0 \cdot 80}{100}$ x = 68 l
Wochenverbrauch von Stefanie: 68 l · 7 Tage = 476 l

d) Wasserpreis mit 7 % Mehrwertsteuer: 100 % ≙ 417,28 €
Wasserpreis ohne Mehrwertsteuer: 100 % ≙ x €
$x = \frac{417,28 \cdot 100}{107}$ x = 389,98 €
1 m^3 kostet dann: 389,98 € : 150 m^3 = 2,60 €

31. a) **Angebot der Deutschen Bahn AG**:
23 Fahrkarten kosten 180 € · 23 = 4140 €
Jeder der 25 Schüler bezahlt dann: 4140 € : 25 = 165,60 €

b) **Angebot des Busunternehmers**:
Gesamtpreis: 2450 € + 25 · 90 € = 4700 €
Gesamtpreis: 100 % ≙ 4700 €
Rabatt: 5 % ≙ x €
$x = \frac{4700 \cdot 5}{100}$ x = 235 €
Die Fahrt kostet insgesamt 4465 €; damit ro Schüler 4465 € : 25 = 178,60 €.

31. c) Bahnangebot: 165,60 € ≙ 100 %
Busangebot: 178,60 € ≙ x %
$x = \frac{178{,}60 \cdot 100}{165{,}60}$ x = 107,9 %
Das Busangebot liegt um 7,9 % höher als das Bahnangebot.

32. a) Nettolohn: 50,5 % ≙ 828,20 €
Bruttolohn: 100 % ≙ x €
$x = \frac{828{,}20 \cdot 100}{50{,}5}$ x = 1640 € (Bruttolohn)

b) Bruttolohn: 100 % ≙ 1640 €
Lohnsteuer: 21 % ≙ x €
$x = \frac{1640 \cdot 21}{100}$ x = 344,40 € (Lohnsteuer)

c) Lohnsteuer: 100 % ≙ 344,40 €
Kirchensteuer: 8 % ≙ x €
$x = \frac{344{,}40 \cdot 8}{100}$ x = 27,55 € (Kirchensteuer)

d) Bruttolohn: 1640,– € ≙ 100 %
Sozialversicherungsbeiträge: 435,82 € ≙ x %
$x = \frac{435{,}82 \cdot 100}{1640}$ x = 26,6 %

33. a)

Sportart	1996/97	1997/98	1998/99
Fußball	2310	2301	2250
Hallenhandball	1486	1400	1316
Volleyball	1183	1111	1202
Basketball	1080	1215	1299

b) Jahrgang 97/98 bei Volleyball: 1111 T. ≙ 100 %
Jahrgang 98/99 Volleyball: 1202 T. ≙ x %
$x = \frac{1202 \cdot 100}{1111}$ x = 108,2 %
Die Zunahme beim Volleyball betrug 8,2 %.

c) Kreisdiagramm
(dargestellt mit einem Radiusa von 2,5 cm.)
Beispielansatz:
6067 Teilnehmer 360°
2250 Teilnehmer x°
$x = \frac{2250 \cdot 360}{6067}$ x = 133,5° ≈ 134°

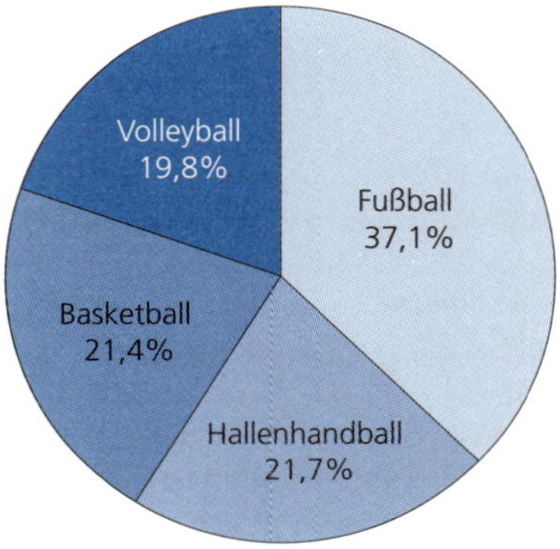

34. a) Lohn 1960: 205,50 € ≙ 100 %
Lohn 1970: 467,87 € ≙ x %
$x = \frac{467{,}87 \cdot 100}{205{,}50}$ x = 227,7 %
Steigerung des Lohns von 1960 auf 1970 betrug 127,7 %

34. b) Lohn 1992: 100 % ≙ 1740,40 €
Lohn 1993: 104,3 % ≙ x €
$x = \frac{1740,40 \cdot 104,3}{100}$ x = 1815,24 €
Der durchschnittliche Bruttolohn in 1993 betrug 1815,24 €.

c) Durchschnittslohn 1992:
1740,40 € ≙ 100 %
Fritz: 1615,40 € ≙ x %
$x = \frac{1615,40 \cdot 100}{1740,40}$ x = 92,82 %
Fritz lag mit seinem Lohn um 7,18 % unter dem Durchschnitt.

d) Säulendiagramm

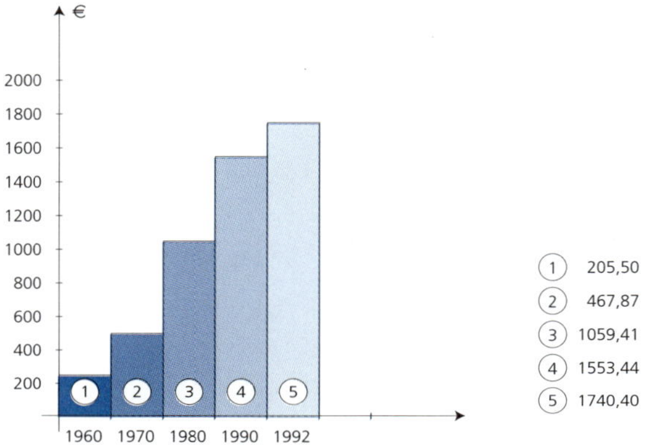

35. a) 100 Spitzer wiegen: 12 · 100 g = 1200 g
1 Schachtel wiegt 200 g.
Gesamtgewicht Schachtel: 1400 g = 1,4 kg

b) Gesamtgewicht: 1400 g ≙ 100 %
Verpackung (Tara) 200 g ≙ x %
$x = \frac{200 \cdot 100}{1400}$ x = 14,29 %

c) 36 Schachteln kommen in 1 Karton. 36 · 1,4 kg = 50,4 kg
Gewicht Inhalt Karton: 100 % ≙ 50,4 kg
Eigengewicht Karton: 3 % ≙ x kg
$x = \frac{50,4 \cdot 3}{100}$ x = 1,512 kg
Der Karton hat ein Eigengewicht von 1,512 kg.

d) Gesamtgewicht des Kartons: 51,912 kg

e) 15 Kartons ergeben 1 Palette. 15 · 51,912 kg = 778,68 kg
Gewicht Inhalt Palette: 100 % ≙ 778,68 kg
Gewicht Palette: 6 % ≙ 6 kg
$x = \frac{778,68 \cdot 6}{100}$ x = 46,721 kg Gesamtgewicht der Palette: 825,401 kg

36. a) **Geschäft A:**
Gesamtpreis: 100 % ≙ 1016 €
Rabatt: 25 % ≙ x €
$x = \frac{1016 \cdot 25}{100}$ x = 254 € (Höhe des Rabatts)

b) Verkaufspreis: 1016 € – 254 € = 762 €

36. c) Verkaufspreis ohne Mehrwertsteuer: 100 % ≙ 762 €
Verkaufspreis mit Mehrwertsteuer: 116 % ≙ x €
$x = \frac{762 \cdot 116}{100}$ x = 883,92 € (Brutto-Verkaufspreis)

d) **Geschäft B:**
Preis für komplette Anlage: 100 % ≙ 865 €
Skonto: 3 % ≙ x €
$x = \frac{865 \cdot 3}{100}$ x = 25,95 €
Barzahlungspreis: 839,05 € Preisdifferenz: 44,87 €

37. a) Bruttolohn: 100 % ≙ 26 160 €
Lohnsteuer: 17,5 % ≙ x €
$x = \frac{26\,160 \cdot 17{,}5}{100}$ x = 4578 €
Lohnsteuer: 100 % ≙ 4578 €
Kirchensteuer: 8 % ≙ x €
$x = \frac{4578 \cdot 8}{100}$ x = 366,24 €
Lohnsteuer: 100 % ≙ 4578 €
Solidaritätszuschlag: 7,5 % ≙ x €
$x = \frac{4578 \cdot 7{,}5}{100}$ x = 343,35 €
Nettolohn: 26 160 € – 4578 € – 366,24 € – 343,35 € = 20 437,41 €
durchschnittlicher monatlicher Nettolohn: 1703,12 €

b) Lohnerhöhung: 100 % ≙ 26 160 €
101,7 % ≙ x €
$x = \frac{26\,160 \cdot 101{,}70}{100}$ x = 26 604,72 €
neue Lohnsteuer: 100 % ≙ 26604,72 €
18 % ≙ x €
$x = \frac{26\,604{,}72 \cdot 18{,}0}{100}$ x = 4788,85 € (neue Lohnsteuer)
monatliche Lohnsteuer: 399,07 €
neuer Solidaritätszuschlag: 100 % ≙ 4788,85 €
7,5 % ≙ x €
$x = \frac{4788{,}85 \cdot 7{,}5}{100}$ x = 359,16 € (neuer Solidaritätszuschlag)
monatlicher Solidaritätszuschlag: 29,93 €

38. a) Nettolohn: 1361,25 € – 444,59 € = 916,66 €

b) Bruttolohn: 100 % ≙ 1361,25 €
Krankenversicherung: 6 % ≙ x €
$x = \frac{6 \cdot 1361{,}25}{100}$ x = 81,68 €
Der Krankenversicherungsbeitrag wird vom Bruttolohn berechnet, denn 6 % des Bruttolohns (1361,25 €) sind 81,66 €.

c) Rentenversicherung:
444,59 € – 81,68 € – 29,95 € – 190,58 € –17,16 € = 125,22 €

d) Bruttolohn: 1361,25 € ≙ 100 %
Rentenversicherung: 125,22 € ≙ x %
$x = \frac{125{,}22 \cdot 100}{1361{,}25}$ x = 91,68 €

e) 160 Stunden + 4 · 1,25 Überstunden = 165 Stunden
1361,25 € : 165 Stunden = 8,25 € Stundenlohn

39. a) 54 000 € : 300 Stück = 180 € pro Stück
Einkaufspreis: 100 % ≙ 180 €
Geschäftskosten: 15 % ≙ x €
$x = \frac{180 \cdot 15}{100}$ x = 27 €
Selbstkostenpreis: 100 % ≙ 207 €
Gewinn: 25 % ≙ x €
$x = \frac{207 \cdot 25}{100}$ x = 51,75 €
Verkaufspreis: 258,75 €
b) 300 Geräte : 5 = 60 Geräte werden billiger verkauft.
60 · 258,75 € = 15 525 €
60 · 157 € = 9420 €
Differenz: 6105 €

40. a) Kaufpreis: 735 €
Ratenzahlung: 92,75 € + 12 · 57,50 € = 782,75 €
Differenz: 47,75 €
Kaufpreis: 735 € ≙ 100 %
Differenz: 47,75 € ≙ x %
$x = \frac{47{,}75 \cdot 100}{735}$ x = 6,5 %
Durch die Ratenzahlung entsteht ein Aufschlag von 6,5 %.
b) Kaufpreis: 100 % ≙ 735 €
Rabatt: 2 % ≙ x €
$x = \frac{735 \cdot 2}{100}$ x = 14,70 €
Barzahlungspreis: 735 € – 14,70 € = 720,30 €
Preis zuzüglich Bankzinsen: 720,30 € + 52,25 € = 772,55 €
c) Ratenkauf: 782,75 €
Bankfinanzierung: 772,55 €
Differenz: 10,20 €

G Promillerechnung

1. a) 1000 ‰ ≙ 24 800 €
8 ‰ ≙ x
$x = \frac{24\,800 \cdot 8{,}125}{1000}$ x = 201,50 €

b) 5 ‰ ≙ 43,34 €
1000 ‰ ≙ x €
$x = \frac{1000 \cdot 43{,}34}{5}$ x = 8668,– €

c) 4750,– € ≙ 1000 ‰
42,75 € ≙ x ‰
$x = \frac{42{,}75 \cdot 1000}{4750}$ x = 9 ‰

2. 78 500 € – 77 730,70 € = 769,30 €
78 500 € ≙ 1000 ‰
761.30 € ≙ x ‰
$x = \frac{769{,}30 \cdot 1000}{78\,500}$ x = 9,8 ‰

3. Versicherung A:
192,50 € · 2 = 385 € Jahresbeitrag
110 000 € ≙ 1000 ‰
385 € ≙ x ‰
$x = \frac{385 \cdot 1000}{110\,000}$ x = 3,5 ‰

Versicherung B:
150 € · 4 = 600 € Jahresbeitrag
175 000 € ≙ 1000 ‰
600 € ≙ x ‰
$x = \frac{600 \cdot 1000}{175\,000}$ x = 3,43 ‰

Versicherung B ist um 0,07 ‰ günstiger.

4. Hausratversicherung über 104 000 €
Feuerversicherung über 42 000 €, 2,2 ‰ jährlich
Halbjahresbeitrag gesamt: 184 €
somit Jahresbeitrag gesamt: 368 €

Feuerversicherung: $x = \frac{42\,000 \cdot 2,2}{1000} = 92,40$ €

Hausratversicherung: 368 € – 92,40 € = 275,60 €

104 000 € ≙ 1000 ‰
275,60 € ≙ x ‰

$x = \frac{275,60 \cdot 1000}{104\,000}$ x = 2,65 ‰

5. a) 4 ‰ ≙ 2232 €
1000 ‰ ≙ x €

$x = \frac{2232 \cdot 1000}{4}$ x = 558 000 €

b) 100 % ≙ 558 000 €
105 % ≙ x

$x = \frac{558\,000 \cdot 105}{100}$ x = 585 900 €

c) für Wohnhaus: $585\,900\ € \cdot \frac{2}{3} = 390\,600\ €$

Brandversicherung Wohnhaus: 390 600 € · 1,5 ‰ = 585,90 €
Brandversicherung Schreinerei: 195 300 € · 9 ‰ = 1757,70 €
Jahresbeitrag Brandversicherung: 2343,60 €

6.

Prämie Haus:	240 000 € · 0,75 ‰	=	180,– €
Prämie Werkstatt:	300 000 € · 3,2‰	=	960,– €
Prämie abgestellte Kfz:	560 000 € · 1,875 ‰	=	1050,– €
Gesamtprämie:			2190,– €
5 % Versicherungsteuer:			109,50 €
Ausfertigungsgebühr:			80,– €
Gesamtbetrag:			2379,50 €

7. Jahresbeitrag: 1152,– €

a) 30 000 € ≙ 1000 ‰
1152 € ≙ x ‰

$x = \frac{1152 \cdot 1000}{30\,000}$ x = 38,4 ‰

b) 30 000 € ≙ 1000 ‰
x € ≙ 16 ‰

$x = \frac{30\,000 \cdot 16}{1000}$ x = 480 €

c) Jahresprämie Hausratversicherung: 350 €
1,75 ‰ ≙ 350 €
1000 ‰ ≙ x €

$x = \frac{350\ € \cdot 1000}{1,75}$ x = 200 000 €

8. a) Gesamtbetrag Aktienkauf:
150 · 434 € = 65 100 €
1000 ‰ ≙ 65 100 €
1,2 ‰ ≙ x €

$x = \frac{65\,100 \cdot 1,2}{1000}$ x = 78,12 €

b) 1,2 ‰ ≙ 74,64 €
1000 ‰ ≙ x €

$x = \frac{74,64 \cdot 1000}{1,2}$ x = 62 200 €

Kurswert einer Aktie: 62 200 € : 200 = 311 €

c) 1,2 ‰ ≙ 26,70 €
1000 ‰ ≙ x €

$x = \frac{26,70 \cdot 1000}{1,2}$ x = 22 250 €

Anzahl der Aktien: 22 250 € : 890 € = 25 Stück

9. a) Jahresprämie: 99 € · 12 = 1188 €
60 000 € $\triangleq$ 1000 ‰
1188 € $\triangleq$ x ‰
$x = \frac{1188 \cdot 1000}{60\,000}$ x = 19,8 ‰
b) Gesamtbeitrag: 1188 € · 30 = 35 640 €
c) Gewinn: 118 580 € – 35 640 € = 82 940 €

10. 80 m² · 1000 €/m² = 80 000 € Versicherungssumme
a) Versicherung A:
1000 ‰ $\triangleq$ 80 000 €
1,15 ‰ $\triangleq$ x €
$x = \frac{80\,000 \cdot 1{,}15}{1000}$ x = 92 €
Gesamtbetrag: 92 € + 5 % → 96,60 €
b) Versicherung B: Jahresprämie:
159,60 € – 7,60 € = 152 €
c) Versicherung A:
80 000 € $\triangleq$ 1000 ‰
152 € $\triangleq$ x ‰
$x = \frac{152 \cdot 1000}{80\,000}$ x = 1,9 ‰
d) Versicherung B – Versicherung A:
159,60 € – 96,60 € = 63,– €

11. a) 112 500 € $\triangleq$ 1000 ‰
3150 € $\triangleq$ x ‰
$x = \frac{3150 \cdot 1000}{112\,500}$ x = 28 ‰
b) 1000 ‰ $\triangleq$ 112 500 €
25 ‰ $\triangleq$ x €
$x = \frac{112\,500 \cdot 25}{1000}$ x = 2812,50 €
Preis für Haus und Vermittlung:
115 312,50 €
c) 0,8 ‰ $\triangleq$ 88 €
1000 ‰ $\triangleq$ x €
$x = \frac{88 \cdot 1000}{0{,}8}$ x = 110 000 €

12. Jahresprämie: 132 € · 4 = 528 €
a) 165 000 € $\triangleq$ 1000 ‰
132 € $\triangleq$ x ‰
$x = \frac{132 \cdot 1000}{165\,000}$ x = 0,8 ‰
b) 1000 ‰ $\triangleq$ 120 000 €
1,75 ‰ $\triangleq$ x €
$x = \frac{120\,000 \cdot 1{,}75}{1000}$ x = 210 €
c) Prämienzahlung in 12 Jahren:
12 · 210 € = 2520 €
d) 7200 € $\triangleq$ 100 %
2520 € $\triangleq$ x %
$x = \frac{2520 \cdot 100}{7200}$ x = 35 %
e) Mehraufwand der Versicherung:
7200 € – 2520 € = 4680 €

13. a) 8,5 ‰ $\triangleq$ 12 750 €
1000 ‰ $\triangleq$ x €
$x = \frac{12\,750 \cdot 1000}{8{,}5}$ x = 1 500 000 €
b) 1000 ‰ $\triangleq$ 1 600 000 €
9 ‰ $\triangleq$ x €
$x = \frac{1\,600\,000 \cdot 9}{1000}$ x = 14 400 €
Versicherung A: 12 750 € + 10 % → 14 025 €; vierteljährliche Zahlung: 3506,25 €
Versicherung B: 14 400 € + 10 % → 15 480 €; vierteljährliche Zahlung: 3960,– €

H Zinsrechnung

1. a) gegeben: Zinssatz, Zeit, Zinsen
gesucht: Kapital, Gesamtbetrag

$Z = \frac{K \cdot p \cdot t}{100 \cdot 12}$

$Z \cdot 100 \cdot 12 = K \cdot p \cdot t$

$K = \frac{Z \cdot 100 \cdot 12}{p \cdot t}$

$K = \frac{10\,406{,}25 \cdot 100 \cdot 12}{7{,}5 \cdot 9}$

K = 185 000 €

Gesamt = 195 406,25 €

b) gegeben: Kapital, Zinssatz, Gesamtbetrag
gesucht: Zeit, Zinsen

Z = 87 015,50 € – 85 800 € = 1215,50 €

$Z = \frac{K \cdot p \cdot t}{100 \cdot 12}$

$Z \cdot 100 \cdot 12 = K \cdot p \cdot t$

$t = \frac{Z \cdot 100 \cdot 12}{K \cdot p}$

$t = \frac{1215{,}50 \cdot 100 \cdot 12}{85\,800 \cdot 4{,}25}$

t = 4 Monate

2. a) Grundstückspreis: 650 m^2 · 180 €/m^2 = 117 000 €
Gesamtkosten: 280 000 € + 117 000 € = 397 000 €
Kredit: 397 000 € – 260 000 € = 137 000 €

b) $Z = \frac{K \cdot p \cdot t}{100 \cdot 12}$

$Z \cdot 100 \cdot 12 = K \cdot p \cdot t$

$p = \frac{Z \cdot 100 \cdot 12}{K \cdot t}$

$p = \frac{3728{,}75 \cdot 100 \cdot 12}{137\,000 \cdot 6}$

p = 5,44 %

c) Bausparvertrag: 5400,– €
Kredit: 7457,50 €
Jahresbelastung: 12857,50 €
monatliche Belastung: 1071,46 €

3. a)

Eigenkapital:	13 000 €
24 Monatsraten:	13 320 €
Mehrkosten:	1320 €

b)

Kaufpreis:	25 000 €
3 % Preisnachlass:	750 €
Kredithöhe:	1 250 €

c) $Z = \frac{K \cdot p \cdot t}{100 \cdot 12}$

$Z = \frac{11\,250 \cdot 8 \cdot 24}{100 \cdot 12}$ Z = 1800 €

Preis Variante a): 26 320 €
Preis Variante b): 26 050 €
Preisdifferenz: 270 €

4. a) $Z = \frac{K \cdot p \cdot t}{100 \cdot 12}$

$Z \cdot 100 \cdot 12 = K \cdot p \cdot t$

$p = \frac{Z \cdot 100 \cdot 12}{K \cdot t}$

$p = \frac{4125 \cdot 100 \cdot 12}{72\,000 \cdot 11}$ p = 6,25 %

b) $Z = \frac{K \cdot p \cdot t}{100 \cdot 12}$

$Z = \frac{72\,000 \cdot 6{,}5 \cdot 330}{100 \cdot 360}$

Z = 4290 €

c) Differenz: 165 €

c) Kaufpreis: 46 m^2 · 1850 €/m^2 = 85 100 €
Eigenkapital: 235 000 € – 2 · 72 000 € = 91 000 €
Das Eigenkapital reicht für den Kauf der Eigentumswohnung aus.

5. a)

Sportverein:	27 000 €
Gemeinde:	108 000 €
Gesamtkosten:	135 000 €

b) $Z = \frac{K \cdot p}{100}$

$Z = \frac{135\,000 \cdot 6{,}5}{100}$ Z = 8775 €

Zinsen: 8775 €
Betriebskosten: 9975 €
Gesamtkosten: 18 750 €

c) 18 750 € : 7,50 € = 2500 Besucher

6. a) Bankdarlehen: 216 000 €
Zinsbelastung Elterndarlehen:
$Z_1 = \frac{54\,000 \cdot 3{,}5}{100}$ $Z_1 = 1890$ €
Zinsbelastung Bankdarlehen:
$Z_2 = \frac{216\,000 \cdot 8{,}5}{100}$ $Z_2 = 18\,360$ €
Gesamtbelastung: 20 250 €

b) Mieteinnahme ohne
Nebenkosten: 345,60 €
Jahreseinnahme: 4147,20 €
Differenzbetrag: 16 102,80 €
Herr Kraus muss jährlich noch 16 102,80 € zuzahlen, das sind monatlich 1341,90 €.

7. a) $Z = \frac{K \cdot p \cdot t}{100 \cdot 12}$
$Z = \frac{15\,000 \cdot 9{,}5 \cdot 9}{100 \cdot 12} = 1068{,}75$ €
Zum Jahresende sind 1068,75 € an Zinsen angefallen

b) $K_{neu} = 16\,068{,}75$ €
$p_{neu} = 11\,\%$
$t_{neu} = 3$ Monate
$Z = \frac{16\,068{,}75 \cdot 11 \cdot 3}{100 \cdot 12}$ $Z = 441{,}89$ €
Der Gesamtbetrag am 31. 03. ist 16 510,64 €

8. a) Vorhandenes Vermögen am 01. 09.:
$Z = \frac{K \cdot p \cdot t}{100 \cdot 12}$
$Z = \frac{840 \cdot 5{,}5 \cdot 145}{100 \cdot 360}$ $Z = 18{,}61$ €
noch aufzubringender Betrag:
840 € + 18,61 € + 500 € = 1358,61 €
1958 € – 1358,61 € = 599,39 €

b) $Z = \frac{K \cdot p \cdot t}{100 \cdot 12}$
$Z \cdot 100 \cdot 12 = K \cdot p \cdot t$
$p = \frac{Z \cdot 100 \cdot 12}{K \cdot t}$
$p = \frac{32{,}50 \cdot 100 \cdot 12}{600 \cdot 5}$
$p = 13\,\%$

c) 600 € + 32,50 € = 632,50 €
Monatsrate: 126,50 €

I Sachaufgaben mit Zinsen

1. a) Computer: 1470,– €
Händlerangebot: 185,55 € + 12 · 115 € = 1565,55
Aufpreis: 95,55 €
1470,– € ≙ 100 %
95,55 € ≙ x %
$x = \frac{100 \cdot 95{,}55}{1470}$ $x = 6{,}5\,\%$

b) Preisnachlass 2 %: 29,40 €
Barzahlungspreis: 1440,60 €
Gesamtpreis: 1440,60 € + 104,50 € = 1545,10 €

c) Unterschiedsbetrag: 1565,55 € – 1545,10 € = 20,45 €

2. a) Kapital Frau Müller: 160 000 €
$Z = \frac{K \cdot p \cdot t}{100 \cdot 12}$
$p = \frac{Z \cdot 100 \cdot 12}{K \cdot t}$
$p = \frac{1200 \cdot 100 \cdot 12}{160\,000 \cdot t}$ $p = 9\,\%$

b) Kapital Hans: 190 000,– €
Mieteinnahme 3,5 %: 7125,– €
monatlich: 593,75 €
monatlicher Rest: 453,75 €

c) $Z = \frac{K \cdot p \cdot t}{100 \cdot 12}$
$K = \frac{Z \cdot 100 \cdot 12}{p \cdot t}$ $K = 110\,000$ €
$K = \frac{5500 \cdot 100 \cdot 12}{7{,}5 \cdot 8}$
Rest: 80 000 € $Z = 4000$ €

3. Kaufpreis: 280 000 €
Arbeitgeberdarlehen: 120 000 €
Eigenkapital: 70 000 €
Kredit: 90 000 €
Monatseinkommen: 2760 €
Drittel Monatseinkommen: 920 €
monatl. Belastung Arbeitgeberd. (5 %): 500 €
monatliche Belastung Kredit (8 %): 600 €
monatliche Gesamtbelastung wäre: 1100 €
Herr Schuster kann sich die Wohnung leider nicht leisten.

4. a) Eigenkapital: 20 000 €
Bankdarlehen: 48 800 €
Sonderpreis: 68 800 €

b) 86 % ≙ 68 800 €
100 % ≙ x €
$x = \frac{68\,800 \cdot 100}{86}$ $x = 80\,000$ €
Ersparnis beim Maschinenkauf:
80 000 € – 68 000 € = 11 200 €

c) $Z = \frac{K \cdot p \cdot t}{100 \cdot 360}$
$t = \frac{Z \cdot 100 \cdot 360}{K \cdot p}$
$t = \frac{1830 \cdot 100 \cdot 360}{48\,800 \cdot 7{,}5}$ $t = 180$ Tage

d) K = 30 600 €
Z = 1830 € – 1511,25 € = 318,75 €
$p = \frac{Z \cdot 100 \cdot 360}{30\,600 \cdot 125}$ $p = 3\,\%$

5. a) $Z = \frac{K \cdot p \cdot t}{100 \cdot 360}$
$Z_1 = \frac{18\,000 \cdot 2{,}5 \cdot 30}{100 \cdot 360}$ $Z_1 = 37{,}50$ €
$Z_2 = \frac{18\,000 \cdot 3 \cdot 4}{100 \cdot 12}$ $Z_2 = 180$ €

b) $Z = \frac{K \cdot p \cdot t}{100 \cdot 12}$
$p = \frac{Z \cdot 100 \cdot 12}{K \cdot t}$
$p = \frac{450 \cdot 100 \cdot 12}{18\,000 \cdot 6}$ $p = 6\,\%$

c) 450 € – 37,50 € – 180 € = 232,50 €

6. a) Anteil Arthur: 417 000 €
$Z = \frac{K \cdot p \cdot t}{100 \cdot 12}$
$Z = \frac{417\,000 \cdot 7{,}2 \cdot 9{,}5}{100 \cdot 12}$
Z = 23 769 €

b) Jahresmiete: 16 680 €
Kauf Einfamilienhaus: 278 000 €
$Z = \frac{K \cdot p}{100}$
$p = \frac{Z \cdot 100}{K}$
$Z = \frac{16\,680 \cdot 100}{278\,000}$ $p = 6\,\%$

c) $Z = \frac{K \cdot p \cdot t}{100 \cdot 12}$
$K = \frac{Z \cdot 100 \cdot 12}{p \cdot t}$
$K = \frac{18\,000 \cdot 100 \cdot 12}{7{,}5 \cdot 9}$
K = 320 000 €

7. a) 12 000 € ≙ 25 %
x € ≙ 100 %
$x = \frac{12\,000 \cdot 100}{25}$ $x = 48\,000$ €
(Neupreis des alten Wagens)

b) Kaufpreis: 66 000 €
Zahlung Altwagen: 36 000 €
Eigenkapital: 16 000 €
Restbetrag: 14 000 €

7. c) $Z = \frac{K \cdot p \cdot t}{100 \cdot 12}$

$Z = \frac{14\,000 \cdot 7{,}5 \cdot 1}{100 \cdot 12}$ $Z = 87{,}50$ €

d) $Z = \frac{K \cdot p}{100}$

$p = \frac{Z \cdot 100}{K}$

$p = \frac{1038{,}50 \cdot 100}{14\,000}$ $p = 7{,}42\,\%$

8. a) $Z = \frac{K \cdot p \cdot t}{100 \cdot 360}$

$K = \frac{Z \cdot 100 \cdot 360}{100 \cdot 330}$

$K = \frac{2821{,}50 \cdot 100 \cdot 360}{5{,}7 \cdot 330}$

K = 54 000 €

b) $K_{neu} = 54\,000$ € + 2821,50 € = 56 821,50 €

$Z = \frac{K \cdot p}{100}$

$p = \frac{Z \cdot 100}{K}$

$p = \frac{3409{,}29 \cdot 100}{56\,821{,}50}$ $p = 6\,\%$

c) Anfangskapital: 54 000,– €
Endkapital: 60 230,79 €
54 000,– € ≙ 100 %
60 230,79 € ≙ x %

$x = \frac{60\,230{,}79 \cdot 100}{54\,000}$

x = 111,5 % Erhöhung um 11,5 %.

9. a)

Kaufpreis:	12 800 €
Grunderwerbsteuer:	640 €
Notarkosten:	560 €
Gesamtkosten:	14 000 €

b) Darlehen: 6000 €

$Z = \frac{K \cdot p \cdot t}{100 \cdot 360}$

$Z = \frac{6000 \cdot 12 \cdot 185}{100 \cdot 360}$ Z = 370 €

Gesamtkosten: 14 375 €

c) Gewinn 56 % der Gesamtkosten:
100 % ≙ 14 000 €
56 % ≙ x €

$x = \frac{14\,000 \cdot 156}{100}$ x = 21 840 €

d) $Z = \frac{K \cdot p \cdot t}{100 \cdot 360}$

$p = \frac{Z \cdot 100 \cdot 360}{K \cdot t}$

$p = \frac{299 \cdot 100 \cdot 360}{21\,840 \cdot 120}$ $p = 3{,}588\,\%$

10. a) $Z = \frac{K \cdot p \cdot t}{100 \cdot 12}$

$Z = \frac{12\,000 \cdot 8 \cdot 9}{100 \cdot 12}$ Z = 720 €

Rückzahlung gesamt: 12 720 €

b) $Z = \frac{K \cdot p \cdot t}{100 \cdot 12}$

$Z = \frac{12\,720 \cdot 10 \cdot 3}{100 \cdot 12}$ Z = 318 €

Gesamtzahlung: 13 038 €

11. a) Kaufpreis: 180 000 €
Eigenkapital: (ein Fünftel) 36 000 €

$Z = \frac{K \cdot p \cdot t}{100 \cdot 12}$

$Z = \frac{70\,000 \cdot 12 \cdot 1}{100 \cdot 12}$ Z = 700 €

b) 4,5 % ≙ 900 €
100 % ≙ x €

$x = \frac{100 \cdot 900}{4{,}5}$ x = 20 000 €

d) Die noch fehlende Summe für die Hypothek:
180 000 € – 20 000 € – 70 000 € = 90 000 €

e)

Gesamtbelastung pro Monat:	1180 €
Bausparvertrag:	700 €
Bank:	75 €
Hypothek:	405 €

$Z = \frac{K \cdot p \cdot t}{100 \cdot 12}$ $p = \frac{Z \cdot 100 \cdot 12}{K \cdot t}$ $p = \frac{405 \cdot 100 \cdot 12}{90\,000 \cdot 1}$ $p = 5{,}4\,\%$

12. a) Kaufpreis: 168 000 €
Eigenkapital: 78 000 €
Arbeitnehmerdarlehen: 27 000 €
Bankkredit: 63 000 €
$Z = \frac{27\,000 \cdot 3{,}5}{100} + \frac{63\,000 \cdot 8{,}5}{100}$
Z = 945 € + 5355 € Z = 6300 €

b) Einnahmen im Vierteljahr:
2 · 240 € · 3 = 1440 €
Zinsbelastung im Vierteljahr: 1575 €
zu zahlender Differenzbetrag: 135 €

13. a) Anteil von Frau Leis:
$\frac{1}{6} \mathrel{\hat{=}} 450\,000$ €
$1 \mathrel{\hat{=}} x$ €
x = 450 000 € · 6
x = 2 700 000 €
Alfons: 1 125 000 €
Hans: 1 125 000 €

b) Die Anteile entsprechen
Frau Leis: $\frac{1}{12}$
Alfons: $\frac{5}{12}$
Hans: $\frac{5}{12}$
Verhältnis: 2 : 5 : 5

c) 5 · 65 m^2 · 11 €/m^2 · 8 = 28 600 €

d) Jahreseinnahme Alfons: 42 900,– €
Kosten: 11 962,50 €
Überschuss: 30 937,50 €
$p = \frac{Z \cdot 100}{K}$
$p = \frac{30\,937{,}50 \cdot 100}{1\,125\,000}$ p = 2,75 %

e) $Z = \frac{K \cdot p \cdot t}{100 \cdot 12}$
$Z = \frac{1\,125\,000 \cdot 11 \cdot 8}{100 \cdot 12}$
Z = 82 500 €

f) 11 % : 2,75 % = 4
Hans hat den 4fachen Nutzen

14. a) Kaufpreis: 287 800 €
Eigenkapital: 110 000 €
Hypothek: 75 000 €
private Finanzierung: 80 000 €
$Z = \frac{K \cdot p}{100 \cdot 12}$
$K = \frac{Z \cdot 100 \cdot 12}{p}$
$K = \frac{95 \cdot 100 \cdot 12}{5}$
K = 22 800 € (Arbeitgeberdarlehen)

b) Hypothek (monatlich):
$Z = \frac{75\,000 \cdot 8 \cdot 1}{100 \cdot 12}$ Z = 500 €
Arbeitgeberdarlehen: 95 €
private Finanzierung: 600 €
$p = \frac{Z \cdot 100 \cdot 12}{K \cdot t}$
$p = \frac{600 \cdot 100 \cdot 12}{80\,000}$ p = 9 %

15. a) Laufzeit: 160 Tage
$Z = \frac{K \cdot p \cdot t}{100 \cdot 360}$
$Z = \frac{9000 \cdot 8{,}5 \cdot 160}{100 \cdot 360}$ Z = 340 €

b) 9000 € : 2 + 340 € = 4840 €

c) Laufzeit: 192 Tage
$Z = \frac{K \cdot p \cdot t}{100 \cdot 360}$
$Z = \frac{4500 \cdot 8{,}5 \cdot 192}{100 \cdot 360}$ Z = 204 €

d) 4500 € + 204 € = 4704 €

16. a) Kaufpreis: 180 000 €
2 % Grunderwerbsteuer: 3600 €
Notariatsgebühren: 1400 €
Gesamtkosten: 185 000 €

b) Hypothek:
185 000 € – 90 000 € = 95 000 €

16. c) $Z = \frac{K \cdot p \cdot t}{100 \cdot 12}$

$p = \frac{Z \cdot 100 \cdot 12}{K \cdot 3}$

$p = \frac{1781{,}25 \cdot 100 \cdot 12}{95\,000 \cdot 3}$ $p = 7{,}5\,\%$

17. a) $Z = \frac{K \cdot p \cdot t}{100 \cdot 360}$

$Z = \frac{8640 \cdot 5 \cdot 95}{100 \cdot 360}$ $Z = 114$ €

K + Z = 8754 €

b) 17 754 € – 8754 € = 9000 €

c) Z = 9189 € – 9000 € = 189 €

$Z = \frac{K \cdot p \cdot t}{100 \cdot 360}$

$t = \frac{Z \cdot 100 \cdot 360}{K \cdot p}$

$t = \frac{189 \cdot 100 \cdot 360}{9000 \cdot 10{,}8}$ t = 70 Tage

18. a) 496 000 € – 250 000 € = 246 000 €

Kaufpreis:	496 000 €
Grunderwerbsteuer:	17 220 €
Nebenkosten:	18 740 €
Gesamtkosten:	531 960 €

b) 531 960 € – 496 000 € = 35 960 €

c)

Verkauf Eigentumswohnung:	301 960 €
Arbeitgeberdarlehen:	45 000 €
Kredit:	185 000 €

d) Arbeitgeberdarlehen zu 4 %:

$Z = \frac{K \cdot p \cdot t}{100 \cdot 12}$

$Z = \frac{45\,000 \cdot 4 \cdot 1}{100 \cdot 12}$ Z = 150,– €

Kredit zu 9 %:

$Z = \frac{185\,000 \cdot 9 \cdot 1}{100 \cdot 12}$ Z = 1387,50 €

abzgl. Mieteinnahme: 337,50 €

monatliche Belastung: 1200,– €

19. Laufzeit: 285 Tage

$Z = \frac{K \cdot p \cdot t}{100 \cdot 360}$

$Z = \frac{1800 \cdot 8 \cdot 285}{100 \cdot 360}$ Z = 114 €

1. Rückzahlung: 900 € + 114 € = 1014 €

Laufzeit: 313 Tage

$Z = \frac{900 \cdot 8 \cdot 313}{100 \cdot 360}$ Z = 62,60 €

2. Rückzahlung: 900 € + 62,60 € = 962,60 €

Gesamtrückzahlung: 1976,60 €

20.

Kaufpreis:	210 000 €
Guthaben:	48 000 €
Bausparvertrag:	80 000 €
angespart 35 %:	28 000 €
Schuldbetrag:	52 000 €
Lebensversicherung:	12 000 €
Mitarbeit (5 %):	10 500 €
Restbetrag Kredit:	59 500 €

Belastung Kredit:

$Z_1 = \frac{59\,500 \cdot 14}{100}$ $Z_1 = 8330$ €

Belastung Bausparvertrag:

$Z_2 = \frac{52\,000 \cdot 11}{100}$ $Z_2 = 5720$ €

Belastung im 1. Jahr: 14 050 €

21. a) Gläubiger B: 6000 €

Gläubiger A: $\frac{3}{4}$ von 6000 €: 4500 €

Gläubiger C: $1\frac{1}{4}$ von B: 7500 €

b) gesamte Geldsumme: 18 000 €

c) Verhältnis A : B : C: $\frac{3}{4} : 1 : 1\frac{1}{4}$

ganzzahlig: 3 : 4 : 5

d) Verkauf der Maschine mit 25 % Wertminderung, also zu 75 %:

$x = \frac{18\,000 \cdot 75}{100}$ x = 13 500 €

Gläubiger A erhält $\frac{3}{12}$ der Summe, also nur noch 3375 €.

J Umgekehrt proportionale Zuordnung

1. a) 6 LKW ≙ 64 Fahrten
3 LKW ≙ x Fahrten
$3 \cdot x = 6 \cdot 64$
$x = \frac{6 \cdot 64}{3}$ = 128 Fahrten insgesamt
Bei 3 LKW muss jeder 128 Fahrten machen.

6 LKW ≙ 64 Fahrten
2 LKW ≙ x Fahrten
$2 \cdot x = 6 \cdot 64$
$x = \frac{6 \cdot 64}{2}$ = 192 Fahrten insgesamt
Bei 2 LKW muss jeder 192 Fahrten machen.

b) 6 LKW ≙ 64 Fahrten
12 LKW ≙ x Fahrten
$x = \frac{6 \cdot 64}{12}$ = 32 Fahrten insgesamt
Bei 12 LKW muss jeder 32 Fahrten machen.

6 LKW ≙ 64 Fahrten
16 LKW ≙ x Fahrten
$x = \frac{6 \cdot 64}{16}$ = 24 Fahrten insgesamt
Bei 16 LKW muss jeder 24 Fahrten machen.

2. a) 11 Mitspieler ≙ 4323 €
4 Mitspieler ≙ x €
$x = \frac{11 \cdot 4323}{4}$ x = 11 888,25 €

11 Mitspieler ≙ 4323 €
5 Mitspieler ≙ x €
$x = \frac{11 \cdot 4323}{5}$ x = 9510,60 €

b) Gesamtgewinn: 47 553 €
4323 €/M ≙ 11 M
2161,50 €/M ≙ x M
$4323 \cdot 11 = 2161{,}50 \cdot x$
$x = \frac{4323 \cdot 11}{2161{,}50}$ x = 22 Mitspieler

4323 €/M ≙ 11 M
3170,20 €/M ≙ x M
$4323 \cdot 11 = 3170{,}20 \cdot x$
$x = \frac{4323 \cdot 11}{3170{,}20}$ x = 15 Mitspieler

3. a) 4,5 h ≙ 80 km/h
6 h ≙ x km/h
$x = \frac{80 \cdot 4{,}5}{6}$ x = 60 km/h
4,5 h ≙ 80 km/h
3 h ≙ x km/h
$x = \frac{80 \cdot 4{,}5}{3}$ x = 120 km/h

b) 80 km/h ≙ 4,5 h
75 km/h ≙ x h
$x = \frac{80 \cdot 4{,}5}{75}$ x = 4,8 h = 4 h 48 min

4. a) 6 LKW ≙ 4 Tage
8 LKW ≙ x Tage
$6 \cdot 4 = 8 \cdot x$
$x = \frac{6 \cdot 4}{8}$ x = 3 Tage

b) 4 Tage ≙ 6 LKW
12 Tage ≙ x LKW
$6 \cdot 4 = 12 \cdot x$
$x = \frac{6 \cdot 4}{12}$ x = 2 LKW

5. 4 Automaten ≙ 6 h
3 Automaten ≙ x h
$x = \frac{4 \cdot 6}{3}$ x = 8 h

6. a) 5 Bauplätze: 1720 m^2 : 5 = 344 m^2/Haus
4 Bauplätze: 1720 m^2 : 4 = 430 m^2/Haus
b) Differenz: 86 m^2
Mehrkosten: 86 $m^2 \cdot$ 135 €/m^2 = 11 610 €

7. a) Dies ist keine umgekehrt proportionale Zuordnung.
8 h ≙ 14 200 Flaschen
3 h ≙ x Flaschen
$x \cdot 8 \cdot 3 \cdot 14\,200$
$x = \frac{14\,200 \cdot 3}{8}$ x = 5325 Flaschen
8 h ≙ 14 200 Flaschen
5 h ≙ x Flaschen
$x = \frac{14\,200 \cdot 5}{8}$ x = 8875 Flaschen
b) 1 Maschine ≙ 8 h
2 Maschinen ≙ x h
$x = \frac{1 \cdot 8}{2}$ x = 4 h

8. 1590 Z + 210 Z. = 1800 Z
1590 Zuschauer ≙ 0,6 m^2/Zuschauer
1800 Zuschauer ≙ x m^2/Zuschauer
$1590 \cdot 0{,}6 = 1800\,x$
$x = \frac{1590 \cdot 0{,}6}{1800}$ x = 0,53 m^2

9. a) $2 \cdot (340\text{ €} + 20\text{ €}) = 720\text{ €}$
720 € : 16 Personen = 45 €/Person
b) 16 Personen ≙ 45 €/Person
12 Personen ≙ x €/Person
$16 \cdot 45 = 12 \cdot x$
$x = \frac{16 \cdot 45}{12}$ x = 60 €/Person
c) 1. Haus: 360 € bei 8 Personen:
360 € : 8 Personen = 45 €/Person
2. Haus: 360 € bei 4 Personen:
360 € : 4 Personen = 90 €/Person
d) Teilnehmer: 12 Personen
3 Autos $\cdot$ 350 km $\cdot$ 2 = 2100 km
100 km ≙ 20 €
2100 km ≙ x €
$x = \frac{2100 \cdot 20}{100}$ x = 420 €
420 € : 12 Personen = 35 €/Person

10. a) 1440 m^2 : 80 m^2 = 18 Parteien
b) 1440 m^2 : 16 Parteien = 90 m^2/Partei
c) 1440 m^2 : 120 m^2 = 12 Parteien
d) Dies ist keine umgekehrt proportionale Zuordnung.
80 m^2 ≙ 683,20 €
90 m^2 ≙ x €
$x_{90} = \frac{683{,}20 \cdot 90}{80}$ x_{90} = 768,60 €
$x_{120} = \frac{683{,}20 \cdot 120}{80}$ x_{120} = 1024,80 €

11. a) 149 760 Anschläge gesamt
149 760 A : (3 · 240 A/min) = 208 min
= 3 h 28 min
b) 3 Schreibkräfte ≙ 3 h 28 min
4 Schreibkräfte ≙ x min
$x = \frac{3 \cdot 208}{4}$ x = 156 min = 2 h 36 min
Damit brauchen sie länger als 2,5 Stunden.

12. a) 6480 Zeilen : 180 Seiten = 36 Zeilen/Seite
b) 36 Zeilen/Seite ≙ 180 Seiten
30 Zeilen/Seite ≙ x Seiten
36 · 180 = 30 · x
$x = \frac{180 \cdot 36}{30}$ x = 216 Seiten
180 Seiten ≙ 36 Zeilen/Seite
162 Seiten ≙ x Zeile/Seite
180 · 36 = 162 · x
$x = \frac{180 \cdot 36}{162}$ x = 40 Zeilen/Seite

13. 18 A · 22 T ≙ 18 A · 6 T + x A · (16 – 4) T
18 · 22 = 18 · 6 + x · (16 – 4)
$x = \frac{18 \cdot (22 - 6)}{16 - 4}$ x = 24 Arbeiter 24 A – 18 A = 6 Arbeiter zusätzlich
oder:

18 A	22 T	=	369 Arbeitstage/A
18 A	6 T	=	108 Arbeitstage/A
verbleiben:	16 T		288 Arbeitstage gesamt
Einsparung:	4 T		
Festzeit:	12 T		288 : 12 = 24 Arbeitstage

24 Arbeitstage/A sind in 4 Tagen einzusparen:
24 Arbeitstage/A : 4 Tage = 6 Arbeiter zusätzlich

14. a) 12 A · 8 h · 16 T ≙ 12 A · 8 h · 6 T + 10 A · 8 h · x T
12 · 8 · 16 = 12 · 8 · 6 + 10 · 8 · x
12 · (16 – 6) = 10x x = 12 Tage
Statt noch 10 Tage braucht die Baufirma nun 12 Tage, also 2 Tage mehr.
b) 12 A · 8 h · 16 T ≙ 12 A · 8 h · 6 T + 10 A · x h · 10 T
12 · 8 · 16 = 12 · 8 · 6 + 10 · x · 10
100 · x = 960 x = 9,6 h
Jeder Arbeiter muss nun pro Tag 1 h 36 min Überstunden machen.
oder:
12 Arbeiter · 8 h · 16 T = 1536 Arh.
12 Arbeiter · 8 h · 6 T = 576 Arh.

Restarbeit: 960 Arh.

960 Arbst. : 10 Arbeiter : 8 h = 12 Tage
12 T · 8 h : 10 Arbeiter = 9,6 Arh.

15. a) 22 Schüler · 4,5 h ≙ 22 Schüler · 0,5 h + 20 Schüler · 2 h + 24 Schüler · x h

$22 \cdot 4{,}5 = 22 \cdot 0{,}5\ h + 20 \cdot 2 + 24 \cdot x$

$x = \frac{99 - 11 - 40}{48}$ $x = 2\ h$ Gesamtzeit: 0,5 h + 2 h + 2 h = 4,5 h

oder:

22 S · 4,5 h =	90 Schülerstunden
22 S · 0,5 h =	11 Schülerstunden
Rest:	88 Schülerstunden
20 S · 2 h =	40 Schülerstunden
Rest:	48 Schülerstunden

48 Schülerstunden : 24 Schüler = 2 h

b) 4,5 h ≙ 22 Schüler

3 h ≙ x Schüler

$x = \frac{22 \cdot 4{,}5}{3}$ x = 33 Schüler

16. a) 8 Fliesenleger · 7,5 h · 18 T ≙ 8 Fl · 7,5 h · 6 T + 6 Fl · x h · 12 T

$8 \cdot 7{,}5 \cdot 18 = 8 \cdot 7{,}5 \cdot 6 + 6 \cdot x \cdot 12$

$x = \frac{1080 - 360}{72}$ $x = 10\ h$ 10 h – 7,5 h = 2,5 h Überstunden pro Tag für jeden Arbeiter

oder:

8 Fl · 7,5 h/T · 18 T =	1080 Flstunden
8 Fl · 7,5 h/T · 6 T =	360 Flstunden
Rest:	720 Flstunden

720 Flstunden : 6 Fl : 12 T = 10 h

10 h – 7,5 h = 2,5 h

b) 8 Fl · 7,5 h · 18 T ≙ 8 Fl · 7,5 h · 6 T + 6 Fl · 7,5 h · x T

$8 \cdot 7{,}5 \cdot 18 = 8 \cdot 7{,}5 \cdot 6 + 6 \cdot 7{,}5 \cdot x$

$x = \frac{1080 - 360}{45}$ x = 16 Tage Es wären insgesamt 22 Tage (6 Tage + 16 Tage) nötig gewesen.

oder:

720 Flstunden : 6 Fl : 7,5 h/Tag = 16 Tage

6 Tage gearbeitet + 16 Tage zu arbeiten = 22 Tage